はじめに

“一行問題”を制する者は中学受験を制す！

この本は、中学入試で出題される、いわゆる“一行問題”を「出る順」にご紹介しながら、その最適な解法を最速でマスターできるよう書かれた、まさに日本初の1冊です。

ご存知かもしれませんが、“一行問題”とは問題文が1行～3、4行くらいまでの小問で、さまざまな分野からランダムに出題され、比較的やさしそうに見える問題のことです。

ここで、あなたは疑問に思われたかもしれません。

「なんで、一行問題に正解するだけで合格できるの?」と。

実は、中学受験では一般的な合格ライン（得点率）は65%前後です。そして、計算問題と一行問題の配点は意外と高く、すべて正解すると60%を超える学校も少なくありません。

別の言い方をすれば、よほどの難関校でないかぎり、計算問題と一行問題をきちんと正解しさえすれば合格ラインに到達できる、ということ。

これが「“一行問題”を制する者は中学受験を制す!」の真の意味であり、逆に「一行問題でのとりこぼし」が不合格に直結してしまう理由でもあります。

私は長年、中学受験に向かう子どもたちの算数を指導してきました。

その間、さまざまな試行錯誤を重ねてきたのですが、一行問題の指導法を整理していく中で、私はあることに気づきました。

それはズバリ、一行問題を攻略するには、いくつかの解法を覚えるだけでよい、ということです。

以来、私は解法のノウハウを蓄積しながら「よく出る一行問題」を抽出・分類し、それに応じた解法を指導してきました。

その結果、現在では“第一志望校合格率83.4%”という、他に類を見ない高い実績を出すに至っています。

冒頭でもお話ししたように、この本では、入試で出題される一行問題を単元ごとに分類したうえで、私の30年以上の指導経験から、それらの問題を「出る順」に提示しました。

そして、「覚えるべき解法」と実際に「問題を解く際のノウハウ」を惜しみなく公開しています。

ぜひ、この本で一行問題の完全マスターを目指してください。

その先には、きっと合格の栄冠が待っていることでしょう。

アビット進学指導会　学院長　橋本和彦

目次　出る順［中学受験算数］覚えて合格る30の必須解法

パート1　絶対にマスターしておきたい！ 3つの最重要分野【出る順1位～3位】

出る順1位▶割合と比に関する問題

出る順2位▶平面図形の面積に関する問題

出る順3位▶速さに関する問題

パート2 ライバルとグンと差がつく! 5つの重要分野【出る順4位~8位】

出る順4位▶平面図形の角に関する問題

出る順5位▶規則性に関する問題

出る順6位▶立体図形の表面積と体積に関する問題

出る順7位▶和と差に関する問題

“一行問題”は簡単に攻略できる!

「はじめに」でもお話ししましたが、この本は“一行問題”に特化して、その解法を覚えるだけで合格にグンと近づくようにという意図でつくられたものです。

ここであらためて、一行問題にはどんな落とし穴があるのかをお話ししておきましょう。

一行問題はたいていの場合、計算問題の次に出題されることから、どうしても「やさしい問題」ばかりと思われがちですが、実は意外につまずく子どもが多いのです。

その理由として、まず、さまざまな分野からランダムに出題されることで、瞬時に「どんな解き方をする問題なのか」の判断がしにくいことがあげられます。また、わずか数行の問題文なのにもかかわらず、単元の本質をピンポイントで問う問題や、独特の解法を知らなければ解けない問題もあります。

したがって、まずは「どのパターンの問題なのか」をつかみ、「適切な解法をあてはめる力」をつけること、さらに「独特の解法」を身につけることが必要です。

そのため、この本のパート1とパート2では、よく出る一行問題を30パターンにわけ、それぞれのパターンをハッキリとイメージできる例題と、その最適な解法を提示しています。そしてパート3では、それ以外の独特の解法を10個、取り上げています。

ちなみにパート1とパート2では中学入試で出題される一行問題のおよそ8割~9割、パート3まで含めれば、ほぼすべての解法をマスターすることができるようになっています。

そう、一行問題については、この1冊でほぼ完全に攻略できるということです。

先にもお伝えしたように、この本でご紹介する問題や解法は、私の30年以上の指導経験に基づいたものです。加えて、長年、全国の進学塾で使われてきた塾専用の一行問題集の監修を通じて得られたノウハウをふんだんに盛り込んでいますので、どうぞ安心して取り組んでください。

なお、この本は一行問題に特化しているという性質上、一般的な問題集や参考書のように、すべての分野や単元を総花的に扱うことはしていません。

また、基本的に中学受験の算数を一通り学習し終えた（早ければ小5の12月以降の）お子さんを対象としていますので、単純な計算過程、わかりきった基礎的な公式や知識（例：線分図や面積図の書き方のルールなど）は排しています。

もし、まだ一通りの学習が終わっていない場合は、お子さんの状況に応じて学習を進めてください。

この本の構成

それでは、この本の構成についてお話ししましょう。

パート1・パート2

◆いずれも同じつくりになっていて、「出る順」に見開きで合計30パターンを提示しています。

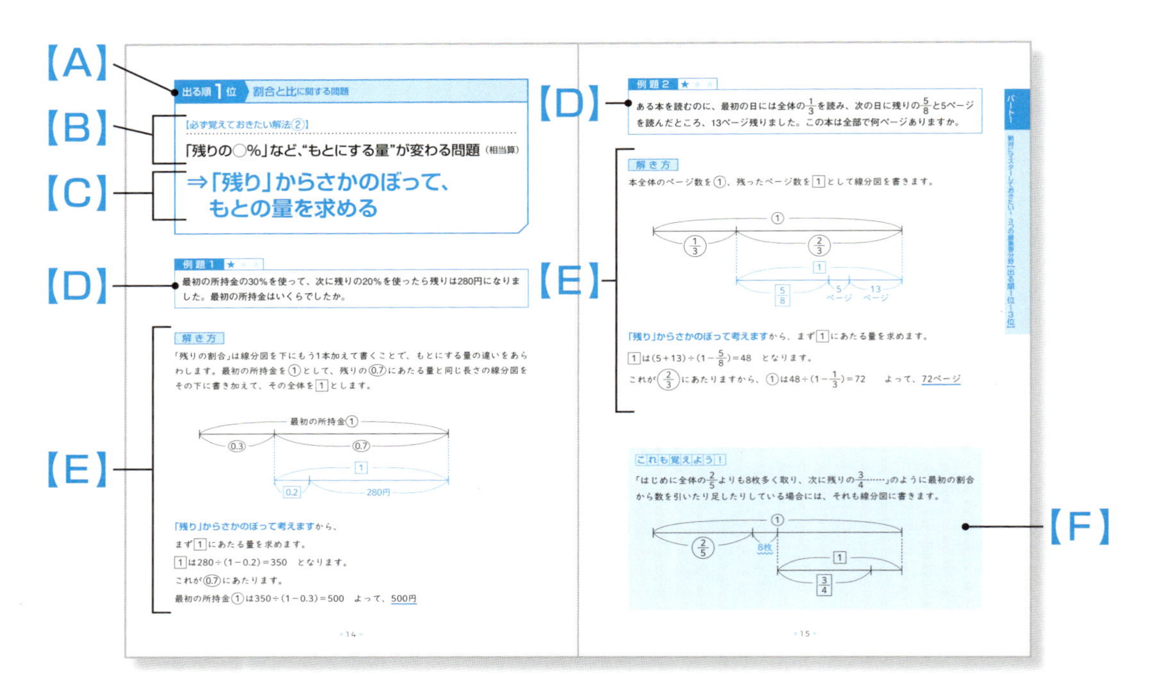

出る順 1 位 割合と比に関する問題

【必ず覚えておきたい解法②】

「残りの○%」など、"もとにする量"が変わる問題 (相当算)

⇒「残り」からさかのぼって、もとの量を求める

例題1 ★

最初の所持金の30%を使って、次に残りの20%を使ったら残りは280円になりました。最初の所持金はいくらでしたか。

解き方

「残りの割合」は線分図を下にもう1本加えて書くことで、もとにする量の違いをあらわします。最初の所持金を①として、残りの⓪.⑦にあたる量と同じ長さの線分図をその下に書き加えて、その全体を[1]とします。

最初の所持金① ⓪.③ ⓪.⑦ [1] [0.2] 280円

「残り」からさかのぼって考えますから、

まず[1]にあたる量を求めます。

[1]は280÷(1−0.2)=350 となります。

これが⓪.⑦にあたります。

最初の所持金①は350÷(1−0.3)=500 よって、500円

- 14 -

例題2 ★

ある本を読むのに、最初の日には全体の$\frac{1}{3}$を読み、次の日に残りの$\frac{5}{8}$と5ページを読んだところ、13ページ残りました。この本は全部で何ページありますか。

解き方

本全体のページ数を①、残ったページ数を[1]として線分図を書きます。

① $\frac{1}{3}$ $\frac{2}{3}$ [1] $\frac{5}{8}$ 5ページ 13ページ

「残り」からさかのぼって考えますから、まず[1]にあたる量を求めます。

[1]は$(5+13)\div(1-\frac{5}{8})=48$ となります。

これが($\frac{2}{3}$)にあたりますから、①は$48\div(1-\frac{1}{3})=72$ よって、72ページ

これも覚えよう！

「はじめに全体の$\frac{2}{5}$よりも8枚多く取り、次に残りの$\frac{3}{4}$……」のように最初の割合から数を引いたり足したりしている場合には、それも線分図に書きます。

① ($\frac{2}{5}$) 8枚 [1] [$\frac{3}{4}$]

- 15 -

パート1 絶対にマスターしておきたい！3つの最重要分野【出る順1位〜3位】

【A】一行問題を「出る順」で順位づけして、どの単元からの出題なのかを示しています。

【B】「出る順」1位〜8位までで、合計30パターンの【必ず覚えておきたい解法】で構成されています。黒の太字は、実際に問題を解くときに、「どのパターンの問題なのか」を判断するためのキーワードです。問題パターンを見わけるもっとも大切な部分なので、しっかりと覚えるようにしてください。なお、(　　)内はその問題の補足説明となっています。

【C】【B】で示した問題パターンに「あてはめるべき適切な解法」がひと言でまとまっています。ここが「覚えるべき解法」です。この解法を覚えることで、「適切な解法をあてはめる力」や「独特の解法」を身につけることができるようになっています。

【D】例題は見開きで2題あり、例題1は基礎的な問題、例題2はやや難しい問題を含んでいます。すべて取り組んでほしいのですが、お子さんの学力や志望校によって取り組むべき問題が異なることを考慮して、★の数で難易度を示しています。

★……絶対に間違えてはいけない問題(どの学校でも狙われる基本的な問題)

★★……大問の最初のやさしい問題としてもよく狙われる問題(少し難しい問題)

★★★……難関校を目指す子どもはぜひ押さえておきたい問題(かなり難しい問題)

【E】例題の解説です。覚えるべき解法を青の太字で強調、また、必要に応じて説明に下線を引いたりアミをかけることで、ポイントや覚えるべき部分がひと目でわかるようにしました。

【F】解法ごとに、少しひねってあったり、違う問題に見えるけれど、同じ解法で解ける問題をまとめてあります。また、特に注意すべき点や関連した知識の補足説明をしています。

なお、「出る順」の1位~8位までは、各位の最後に掲載した【[解法別] 間違えやすい必修問題】で、その位の解法の理解度が確認できるようになっています。また、パート1、パート2の最後には、それぞれ自分でパターンを見わけ、適切な解法をあてはめ、独自の解法が身についたかどうかを確かめる【まとめ問題】を掲載しています。

パート3

◆パート3は一行問題で覚えておくと便利な10の解法を見開きで1パターンずつ提示しています。

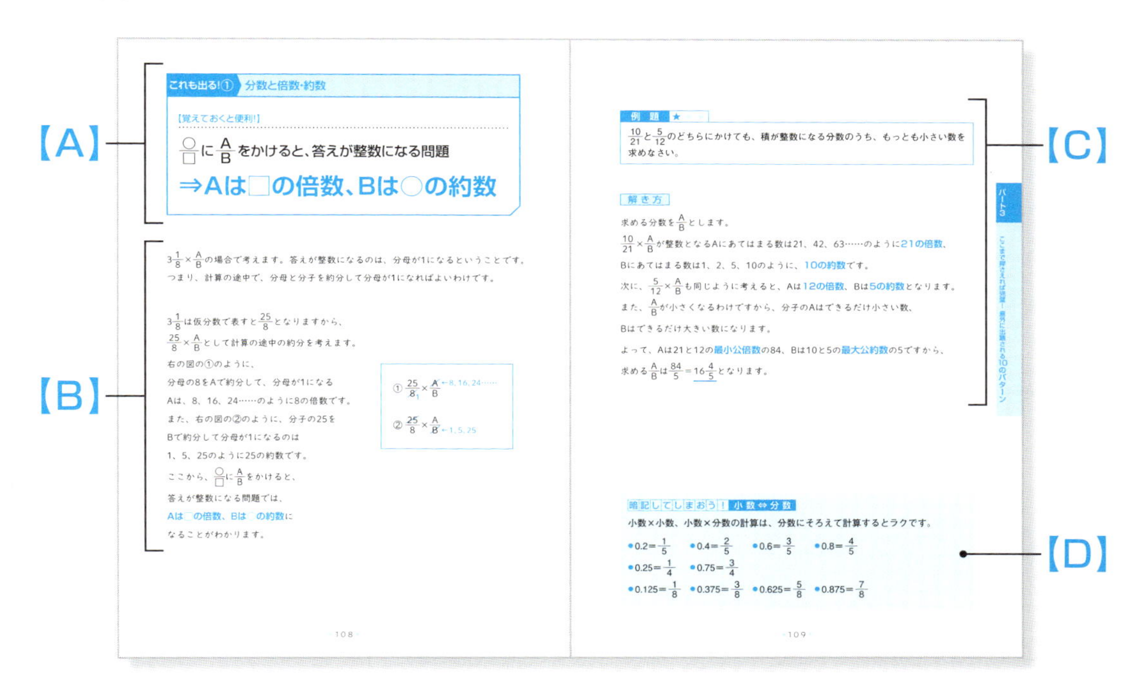

これも出る!① 分数と倍数・約数

【覚えておくと便利!】

$\frac{○}{□}$に$\frac{A}{B}$をかけると、答えが整数になる問題

⇒Aは□の倍数、Bは○の約数

$3\frac{1}{8}\times\frac{A}{B}$の場合で考えます。答えが整数になるのは、分母が1になるということです。
つまり、計算の途中で、分母と分子を約分して分母が1になればよいわけです。

$3\frac{1}{8}$は仮分数で表すと$\frac{25}{8}$となりますから、
$\frac{25}{8}\times\frac{A}{B}$として計算の途中の約分を考えます。
右の図の①のように、
分母の8をAで約分して、分母が1になる
Aは、8、16、24……のように8の倍数です。
また、右の図の②のように、分子の25を
Bで約分して分母が1になるのは
1、5、25のように25の約数です。
ここから、$\frac{○}{□}$に$\frac{A}{B}$をかけると、
答えが整数になる問題では、
Aは□の倍数、Bは○の約数に
なることがわかります。

① $\frac{25}{8_1}\times\frac{A}{B}$ ←8, 16, 24……
② $\frac{25}{8}\times\frac{A}{B}$ ←1, 5, 25

108

例題 ★

$\frac{10}{21}$と$\frac{5}{12}$のどちらにかけても、積が整数になる分数のうち、もっとも小さい数を求めなさい。

解き方

求める分数を$\frac{A}{B}$とします。
$\frac{10}{21}\times\frac{A}{B}$が整数となるAにあてはまる数は21、42、63……のように21の倍数、
Bにあてはまる数は1、2、5、10のように、10の約数です。
次に、$\frac{5}{12}\times\frac{A}{B}$も同じように考えると、Aは12の倍数、Bは5の約数となります。
また、$\frac{A}{B}$が小さくなるわけですから、分子のAはできるだけ小さい数、
Bはできるだけ大きい数になります。
よって、Aは21と12の最小公倍数の84、Bは10と5の最大公約数の5ですから、
求める$\frac{A}{B}$は$\frac{84}{5}=16\frac{4}{5}$となります。

暗記してしまおう! 小数⇔分数

小数×小数、小数×分数の計算は、分数にそろえて計算するとラクです。

- $0.2=\frac{1}{5}$　$0.4=\frac{2}{5}$　$0.6=\frac{3}{5}$　$0.8=\frac{4}{5}$
- $0.25=\frac{1}{4}$　$0.75=\frac{3}{4}$
- $0.125=\frac{1}{8}$　$0.375=\frac{3}{8}$　$0.625=\frac{5}{8}$　$0.875=\frac{7}{8}$

パート3 ここまで押さえれば完璧! 意外に出題される10のパターン

109

【A】基本的にパート1、パート2と同じようになっています。

【B】【A】の解法パターンを詳しく解説しています。

【C】前ページで説明した解法を使って解く例題と実際の解き方です。パート1、パート2と同様、例題には★がついています。

【D】形の決まった計算の答えなど、覚えておくと便利な知識を紹介しています。

パート1・パート2の効果的な使い方

※6、7ページに掲載したパート1とパート2の【A】～【F】とあわせてご覧ください。

ステップ1……まずは「どんなパターンがあるのか」を知る

最初に【B】の部分を1回読みます。この部分は、問題のパターンを1行～2行の「キーワード」でまとめています。まずは、「どのパターンの問題なのか」を見きわめるキーワードを知ることから始めましょう。

ステップ2……キーワードと「解法」を結びつけて覚える

【C】は、「どのパターンの問題」が「どのような解法」に結びつくのか、つまり、1つひとつのパターンをどう解くかを簡潔に式や言葉、図で説明しています。

まずは【B】から【C】の順番で3回、声を出しながら読んでください。次に、【C】を手や紙で隠して、【B】を見ただけで、【C】がパッといえるようになるまで暗記してください。もし、覚えられないようでしたら、【B】と【C】をノートに書き写すのも効果的です。

ステップ3……問題文を読んで「どのパターンの問題なのか」をつかむ

まず、例題1を解く前に、問題文をよく読んで、どこが【B】で覚えたキーワードと一致するのかを考えます。たとえば、文章題の場合、【B】で「○○が等しい問題」となっていたときに、例題に「○○が同じ長さ」などの言葉があれば、「等しい」と「同じ」とは意味が一緒ですから、それがキーワード、つまり、「どのパターンの問題なのか」がわかります。このように、まずは問題文を読んで、キーワードからパターンをつかむことで、スムーズに次の「解法」に進めるわけです。なお、問題文を読んでも、キーワードや「どのパターンの問題なのか」が見つからないときは、【解き方】を読んで、見つけ方のコツを覚えましょう。

ステップ4……「解法」を使って例題1、例題2を解く

ステップ3で「どのパターンの問題なのか」がわかったら、【C】で覚えた「解法」をあてはめて、問題を解きます。その後、【解き方】を見て、自分の解き方が正しいかどうかを確認して、正解していたら次の例題2に進みます。

もし、例題1でつまずいてしまった場合は、まず、【B】と【C】をセットでいえるのかを再確認して、これがいえないようでしたら、もう一度【B】と【C】を暗記しましょう。いえたならば、【解き方】をよく読み直したあと、もう一度解き直します。それでも解けないようでしたら、【解き方】をノートに写しながら、どのように「解法」を使っているのかを見比べて、「解法」の使い方を覚えてください。その後、もう一度自分で解けるまで練習し、覚えられたら、次の例題2に進んで、同じ作業を繰り返します。

ステップ5……【F】の補足説明を読んで、理解を深める

例題1、例題2が正解できたら、【F】を読みましょう。「こんな問題に注意!」は、どこに【C】

で覚えた「解法」が使われているかを確認してください(特に問題を解く必要はありません)。また、「これも覚えよう!」は、パターンを使って解くときのコツや注意点をまとめましたので、あわせて覚えましょう。

ステップ6……「解法」が身についたかどうか確かめる

ステップ5までが終了したら、1つの「解法」が本当にマスターできたかどうかを【[解法別] 間違えやすい必修問題】を解いて確かめます。たとえば、出る順1位の「必ず覚えておきたい解法①」を使う問題は26ページの1に、「必ず覚えておきたい解法②」を使う問題は26ページの2といったように、1つの解法について1題の必修問題がありますので、ステップ3、4と同じように取り組んでください。

ステップ7……【まとめ問題】で本当に覚えたかどうかを確認する

パート1、パート2の各パートが終了したら、【まとめ問題】を学習します。【まとめ問題】は、そのパートで覚えるべき「解法」を使う問題がランダムに出題されています。問題をよく読んで、まず、「どのパターンの問題なのか」をつかんでから解いてください。必ず○×をつけ、間違えた問題や解けない問題がある場合には、【解答&解説】をよく読んでから、その「解法」が載っているページに戻り、ステップ4からやり直すようにしてください。解き直しをして正解したら、そのパートは完了です。

パート3の効果的な使い方

パート1、パート2を終えたら、パート3の学習に進みます。
※7ページに掲載したパート3の【A】~【D】とあわせてご覧ください。

ステップ1……「パターン」を見極め、「解法」を覚える

まず、【A】の部分で、「どのパターンの問題」が「どのような解法」に結びつくのかを覚えます。次に、【B】の部分は「解法」の成り立ちを詳しく解説していますので、理解できるまで繰り返し読んでから覚えてください。

ステップ2……「解法」を使って例題を解く

【C】の部分は「どのパターンの問題」が「どのような解法」に結びつくのかを覚えるところです。パート1、パート2のステップ3、4と同じように学習を進めてください。

ステップ3……覚えておくと便利な基礎知識を身につける

【D】は、よく出される計算の「答え」や約分などを含めた計算の工夫など、「覚えておくべき基本的な知識」をまとめてあります。計算の答えは絶対に間違えてはいけませんので、ここで覚えたものについては、必ず紙に書いて、答えが正しいかどうかを確認してください。

この本の7つの特長

最後に、この本の7つの特長をご紹介しておきたいと思います。

①合格に直結する、一行問題の必須解法を「出る順」に配置

一行問題でよく出題される問題を抽出・分類することで、30の必須解法に体系化。さらに、ピンポイントで習得すべき10のパターンを加えました。「出る順」ですから、「即」成果に結びつきます。

②最短距離で解法を覚えられるような工夫が満載

基礎や基本から学び直すといったような「遠回り」はさせません。必須解法を「覚える」だけで、一行問題がスラスラ解けるようになっています。また、通常の塾やテキストでは扱っていない「公式」も掲載し、最短距離で正解が出せるような工夫が凝らされています。

③子どもの目的や学力に合わせられるよう、問題グレードを提示

一般的に、参考書や問題集の欠点は、子どもの目的や学力に合わせられない点です。この本では、すべての問題について★の印をつけて問題レベルを明確化。子ども1人ひとりの学力や目的に応じた使いわけが可能です。

④ベーシックかつシンプルな解法と解説

せっかく覚えても別の問題にはまったく使えない、変に凝った解法、癖のある解法は排除しました。しかも、私がふだんから指導の現場で実践しているリアルな解説をベースにしていますので、子どもたちの理解度が違います。

⑤ダブルチェックが可能な問題構成

まず、「出る順」の1位～8位では、各位の学習が終わるたびに【[解法別]間違えやすい必修問題】で、実際にマスターできたかどうかを確認。さらに各パートの最後に掲載した【まとめ問題】で、覚えた解法が本当に身についたかどうかがチェックできるようになっています。

⑥得点力向上に直結するトピックスを掲載

間違えやすい問題をなくす【こんな問題に注意!】、解法の幅を広げる【これも覚えよう!】、計算がラクになる【暗記してしまおう!】など、得点力アップのための知識も掲載。実戦力が身につきます。

⑦模擬テスト・合否判定テスト対策にも最適

模擬テストはその名のとおり、実際の入試問題をまねてつくられています。したがって、一行問題は模擬テスト・合否判定テストでもかなりの配点となっており、その出来が成績を決定づけます。小学6年生になってからこの本をテスト対策として使うことで、成績をグンと上げ、志望校をランクアップさせることが可能になります。

パート1
絶対にマスターしておきたい！3つの最重要分野【出る順1位～3位】

中学入試で、どの学校でも必ずといってよいほど出題される最頻出の分野。

それが、パート1で学習する【出る順1位～ 3位】の**「割合と比」「平面図形の面積」「速さ」**という「3つの最重要分野」です。

このパートでは、これら「3つの最重要分野」を**15のパターン**にわけて学習します。

また、15パターンとともに、入試で引っかかりやすい部分には、**[こんな問題に注意!]**や**[これも覚えよう!]**での説明も加えています。

ここで取り上げた15のパターンは、いずれも瞬時に問題パターンがつかめ、適切な解法が浮かんでこなければなりません。

すべてがやさしい問題というわけではありませんが、**いずれも決して間違えることが許されない、重要な問題ばかり**です。

まずは、この15パターンを覚え込むことで、得点力の基礎を築いてください。

出る順 1 位 割合と比に関する問題

【必ず覚えておきたい解法①】

Aの□倍とBの△倍が等しい問題（割合と比の基礎）

**⇒等しい大きさを①とすると、
A：Bは①÷□：①÷△で求められる**

例題1 ★☆☆

赤のテープの長さの60%と青のテープの長さの80%が同じ長さだといいます。赤と青のテープの長さの比を求めなさい。

解き方

等しい長さを①として、赤と青のテープそれぞれの長さをあらわします。

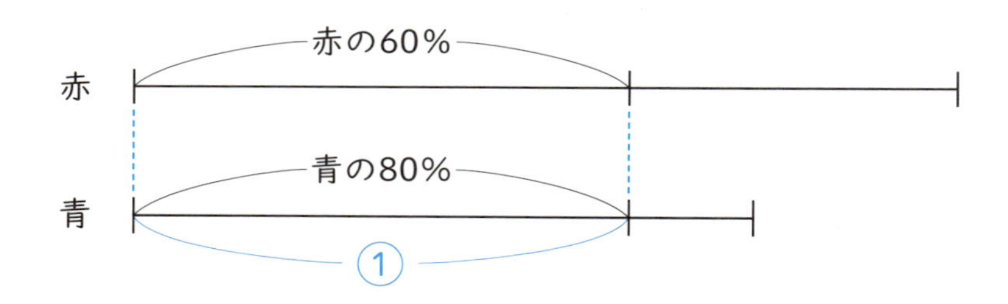

A：Bは①÷□：①÷△で求められますから、

赤は①÷0.6＝$\left(1\frac{2}{3}\right)$

青は①÷0.8＝$\left(1\frac{1}{4}\right)$　となります。

よって、赤と青のテープの長さの比は赤：青＝$\left(1\frac{2}{3}\right)$：$\left(1\frac{1}{4}\right)$＝4：3

例題2 ★☆☆

3つのおもりA、B、Cがあります。Aの重さの2倍とBの重さの80％とCの重さの$1\frac{1}{2}$倍が同じ重さです。おもりA、B、Cの重さの比を求めなさい。

解き方

比べる量がA、B、Cの3つになりますが、2つの量を比べるのと同じように、**等しい重さを①とすると、A：B：Cは①÷□：①÷△：①÷◇となって**、A、B、Cそれぞれを○であらわすことができます。

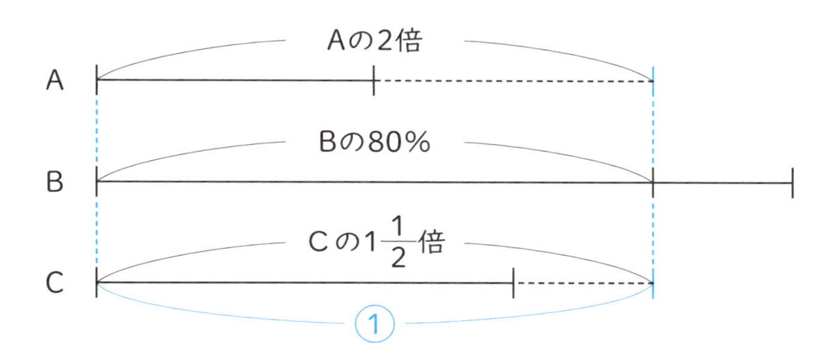

Aは①÷2＝$\left(\frac{1}{2}\right)$、Bは①÷0.8＝$\left(1\frac{1}{4}\right)$、Cは①÷$1\frac{1}{2}$＝$\left(\frac{2}{3}\right)$　となりますから、

A:B:C＝$\left(\frac{1}{2}\right)$：$\left(1\frac{1}{4}\right)$：$\left(\frac{2}{3}\right)$＝6：15：8

こんな問題に注意！

右下の図のような図形の問題になることもあります。

例 **A、B2つの正方形があり、重なっている部分の面積は、Aの$\frac{1}{18}$、Bの$\frac{1}{6}$です。AとBの面積の比を求めなさい。**

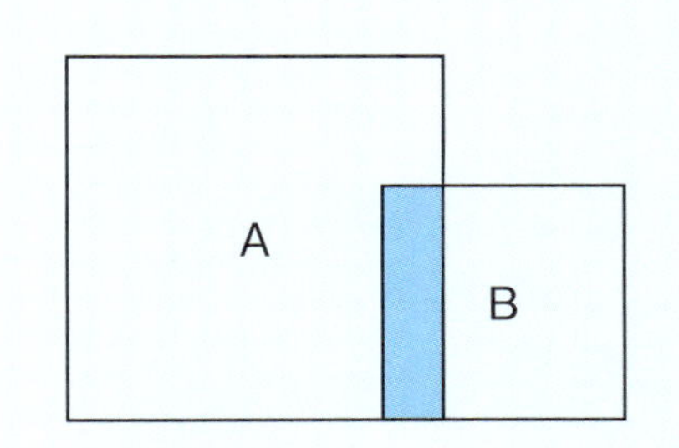

答え Aの$\frac{1}{18}$とBの$\frac{1}{6}$が等しいから、

A：B＝①÷$\frac{1}{18}$：①÷$\frac{1}{6}$＝3：1

出る順 1 位　割合と比に関する問題

【必ず覚えておきたい解法②】

「残りの○%」など、“もとにする量”が変わる問題（相当算）

⇒「残り」からさかのぼって、もとの量を求める

例題 1 ★☆☆

最初の所持金の30%を使って、次に残りの20%を使ったら残りは280円になりました。最初の所持金はいくらでしたか。

解き方

「残りの割合」は線分図を下にもう1本加えて書くことで、もとにする量の違いをあらわします。最初の所持金を①として、残りの(0.7)にあたる量と同じ長さの線分図をその下に書き加えて、その全体を[1]とします。

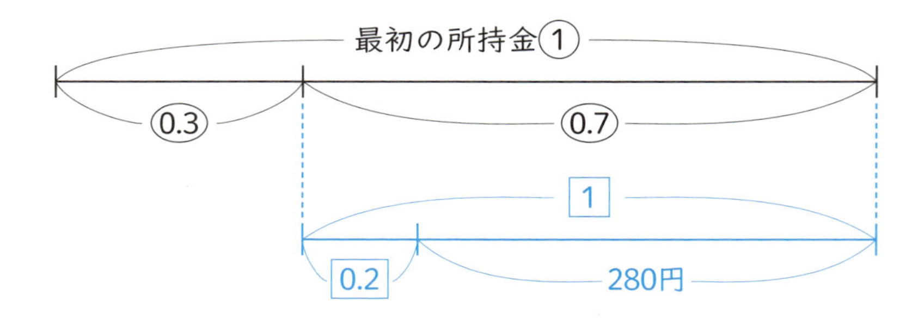

「残り」からさかのぼって考えますから、

まず[1]にあたる量を求めます。

[1]は280÷(1－0.2)＝350　となります。

これが(0.7)にあたります。

最初の所持金①は350÷(1－0.3)＝500　よって、500円

例題2 ★☆☆

ある本を読むのに、最初の日には全体の$\frac{1}{3}$を読み、次の日に残りの$\frac{5}{8}$と5ページを読んだところ、13ページ残りました。この本は全部で何ページありますか。

解き方

本全体のページ数を①、残ったページ数を[1]として線分図を書きます。

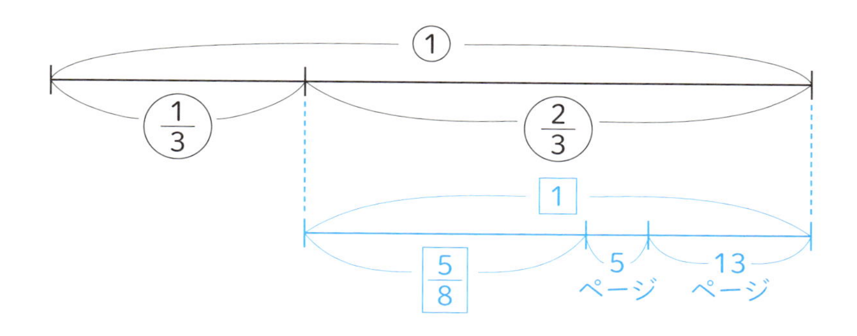

「残り」からさかのぼって考えますから、まず[1]にあたる量を求めます。

[1]は$(5+13)\div(1-\frac{5}{8})=48$　となります。

これが$\frac{2}{3}$(丸)にあたりますから、①は$48\div(1-\frac{1}{3})=72$　よって、72ページ

これも覚えよう！

「はじめに全体の$\frac{2}{5}$よりも8枚多く取り、次に残りの$\frac{3}{4}$……」のように最初の割合から数を引いたり足したりしている場合には、それも線分図に書きます。

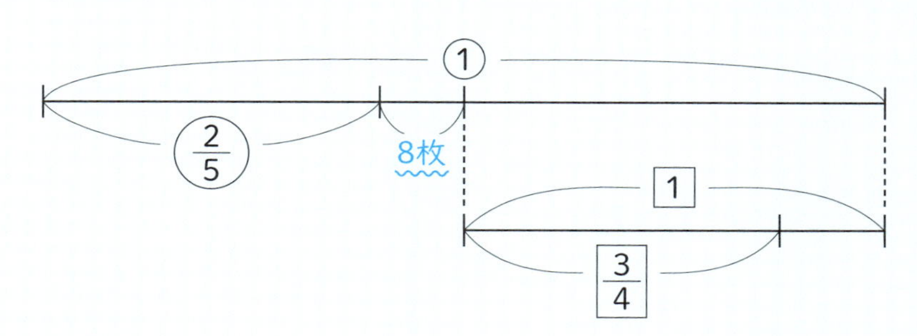

出る順 1 位　割合と比に関する問題

【必ず覚えておきたい解法③】

同じ大きさが増えたり減ったりして、A:Bになる問題

（年令算、倍数算）

⇒大きさの差÷（AとBの差）で、比の①にあたる量を求める

例題 1 ★☆☆

現在、父と子の年令の差は28才で、今から3年前には父は子の年令の5倍でした。現在の父の年令を求めなさい。

解き方

2人とも3年前は3才若いわけですから、同じ大きさが減ったときに、父と子の年令の比が5:1だったということです。このように「同じ大きさ」が増えたり減ったりする場合、線分図の“先頭”から線をのばしたり減らしたりして差に注目します。

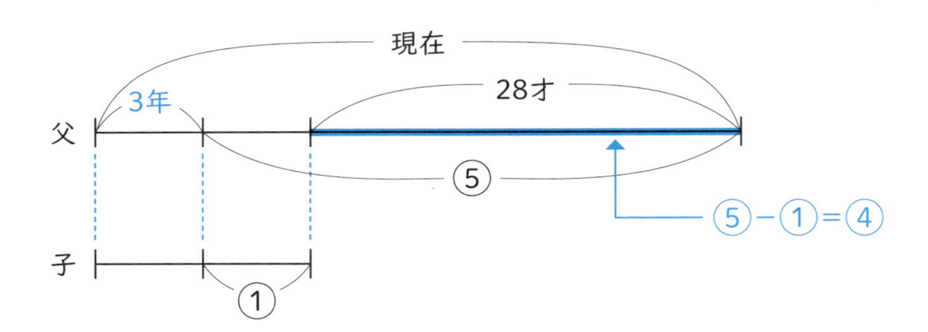

大きさの差÷（AとBの差）で、比の①にあたる量が求められますから、

比の①は、28÷（5－1）＝7となります。

よって、父は7×5＋3＝38才

例題2 ★☆☆

弟は1200円、兄は1800円持っていましたが、2人とも同じ金額をもらったので、持っているお金の比が5：7になりました。2人はいくらずつもらいましたか。

解き方

同じ金額をもらったということは、同じ大きさが増えたということです。線分図の先頭をのばして考えます。

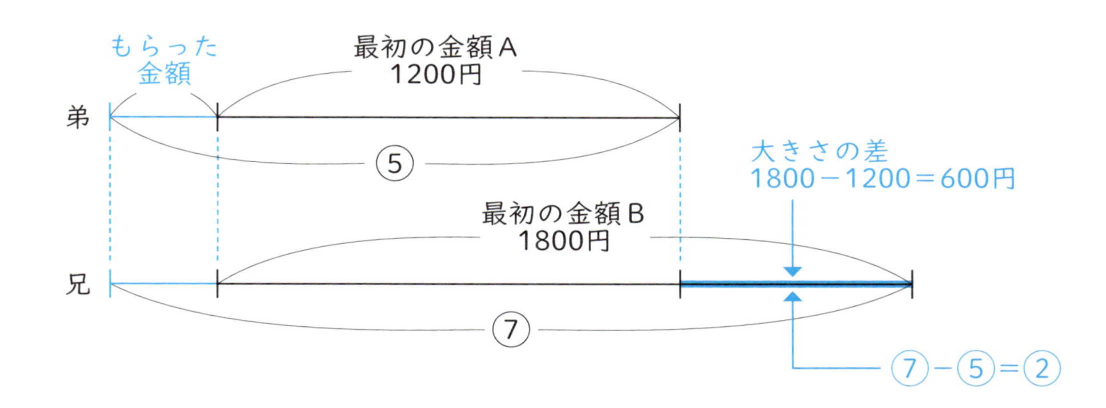

大きさの差÷(AとBの差)で、比の①にあたる量が求められますから、

(1800－1200)÷(7－5)＝300……①　Aで考えると、300×5－1200＝300円

こんな問題に注意！

例えば、兄と弟の年令の和が父と等しくなる、といった場合は、兄と弟の年令の和は1年で「2才」ずつ増えていきます。父は「1才」ずつしか増えませんから、1年で2－1＝1才ずつ追いつくことになります。このような問題は旅人算(44ページ～)で解きます。

出る順 1 位　割合と比に関する問題

【必ず覚えておきたい解法④】

売り値が変わって、利益が変わる問題（売買損益の問題、相当算）

⇒「利益」＝「売り値（定価ではない!!）」－「仕入れ値」

例題 1 ★☆☆

ある品物に仕入れ値の25％増しの定価をつけましたが、売れないので定価の10％引きで売ったところ利益は160円でした。この品物の仕入れ値はいくらですか。

解き方

仕入れ値を①とすると、定価は(1.25)となります。この定価の10％引きですから、実際の売り値は、(1.25)×(1－0.1)＝(1.125)　となります。
※線分図は、仕入れ値と定価を別々に書いたほうが、利益がわかりやすくなります。

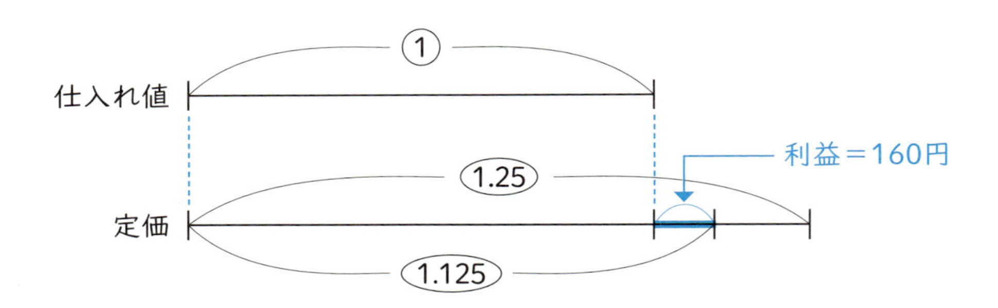

「利益」＝「売り値」－「仕入れ値」で求められますから、
160円の利益の割合は
(1.125)－①＝(0.125)です。
160÷(1.125－1)＝1280　よって、仕入れ値は1280円

例題2 ★☆☆

ある商品を定価の1割引きで売ると340円の利益があり、定価の3割引きで売ると180円の損失になります。この商品の仕入れ値はいくらですか。

解き方

ふつう売買損益の問題では、[例題1]のように、仕入れ値の○割(○%)増しを定価とすることが多いものです。ところが、この問題は仕入れ値と定価の間には、そのような関係がありません。ですから、**「利益」=「売り値」−「仕入れ値」**という関係をしっかりと思い出して、線分図にあらわすことが大切です。

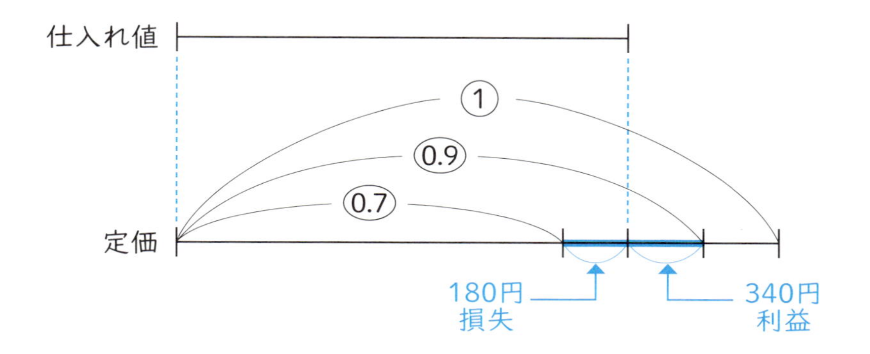

定価を①とすると、上の図から①は(180＋340)÷(0.9−0.7)＝2600　となります。

仕入れ値は2600×0.9−340＝2000　よって、2000円

これも覚えよう！

売買損益の問題を見ると、いつも「仕入れ値を①として……」と思い込んでいませんか？　それは違います。[例題2]のように仕入れ値と定価との間に、何割(何%)増しとか何円増しなど、仕入れ値を①とおけない問題もありますので、注意が必要です。

出る順 1 位　割合と比に関する問題

【必ず覚えておきたい解法⑤】

2人の間でやりとりをして、A：Bになる問題（和一定の問題、相当算）

⇒やりとりの量÷（前後の割合の差）で合計を求める

例題 1 ★☆☆

最初、AとBの所持金の比は3：1でした。AがBに150円あげたので所持金の比は2:1になりました。Aの最初の所持金はいくらでしたか。

解き方

AとBがやりとりをしても所持金の和は変わりません。そこで、2人の合計金額を①とします。すると、最初のAは全体の$\frac{3}{3+1}$=$\left(\frac{3}{4}\right)$、Bは全体の$\frac{1}{3+1}$=$\left(\frac{1}{4}\right)$となります。

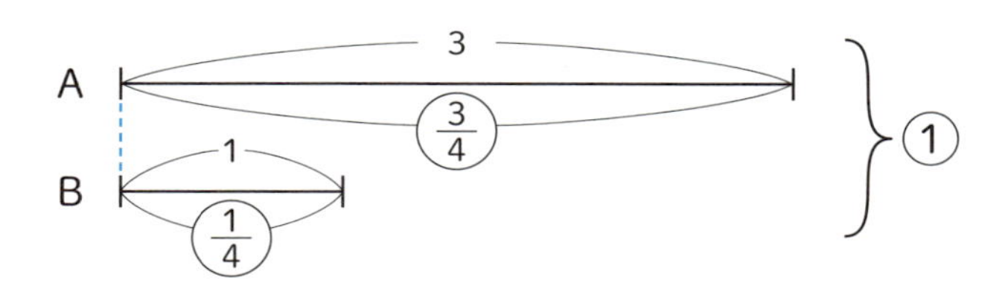

そこで、150円あげたあとのAは全体の$\frac{2}{2+1}$=$\left(\frac{2}{3}\right)$、Bは全体の$\frac{1}{2+1}$=$\left(\frac{1}{3}\right)$となります。

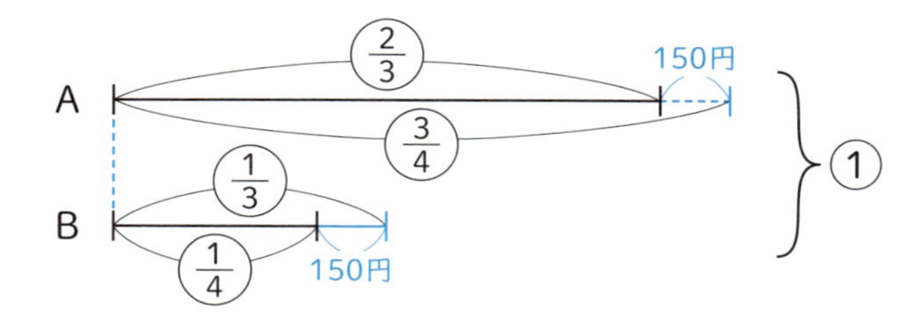

この線分図のAで考えると（Bで考えてもよい）、**①（＝合計金額）は、やりとりの量÷（前後の割合の差）で求められます**から、①にあたる量は150÷（$\left(\frac{3}{4}\right)$－$\left(\frac{2}{3}\right)$）＝1800円となります。よって、最初のAの所持金は1800×$\frac{3}{3+1}$＝1350円

例題2 ★☆☆

姉と妹が持っているお金の比は5：2でしたが、姉は200円使い、妹は200円もらったので、姉と妹が持っているお金の比は3：2になりました。はじめに姉はいくら持っていましたか。

解き方

姉が200円使い、妹は200円もらったので、2人の金額の合計は変わりません。そこで、2人の合計金額を①とします。

最初の姉の所持金は全体の $\frac{5}{5+2}=\textcircled{\frac{5}{7}}$　使ったあとは全体の $\frac{3}{3+2}=\textcircled{\frac{3}{5}}$

姉について線分図を書くと、

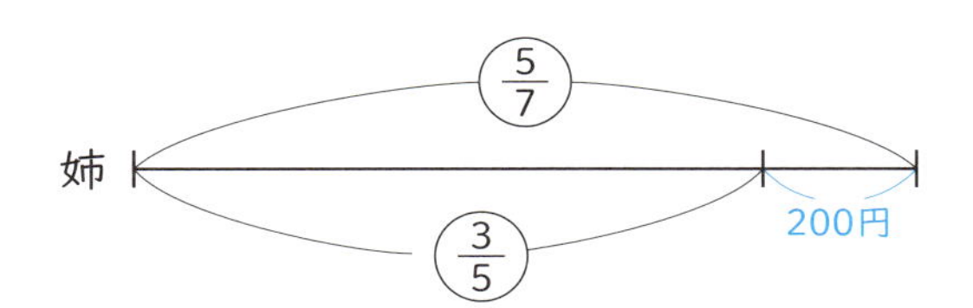

①（＝合計金額）は、やりとりの量÷（前後の割合の差）で求められますから、

①にあたる量は

$200\div(\textcircled{\frac{5}{7}}-\textcircled{\frac{3}{5}})=1750$……①

姉は最初に全体の $\frac{5}{7}$ 持っていたから $1750\times\frac{5}{7}=$ 1250円

これも覚えよう！

やりとりの問題は、やりとりをする前後の「和」が等しいことに注目をして解きます。和が変わったときには、やりとりの問題ではありません。そのような問題は、次の【必ず覚えておきたい解法⑥】で詳しく学習します。

出る順1位　割合と比に関する問題

【必ず覚えておきたい解法⑥】

最初はA:Bで、その後、一方が増えたり減ったりしてC:Dになる問題（倍数算）

⇒「最初の比」におきかえる

例題1 ★☆☆

最初、AとBの所持金の比は5:3でした。Aが150円使ったので2人の所持金の比は3:2になりました。最初のAの所持金はいくらでしたか。

解き方

最初のAとBの比を⑤:③、Aが使ったあとの比を[3]:[2]とします。

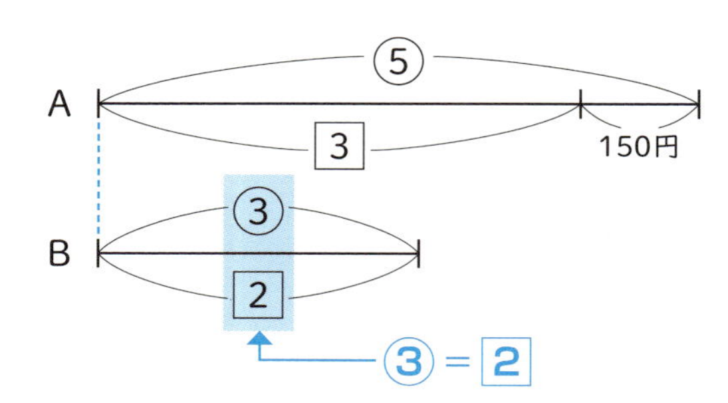

Bの線分図を見ると、③＝[2]ですから、[1]は(1.5)になります。

[3]は、1.5×3＝(4.5)にあたりますから、Aの**[3]を(4.5)におきかえます**。

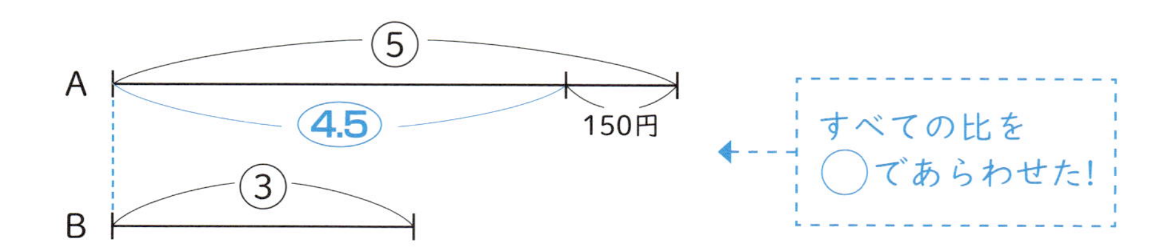

Aの線分図で、(4.5)と⑤の差が150円となりますから、①にあたる量は150÷(5－4.5)＝300円。よって、最初のAの所持金は300×5＝1500円

例題2 ★☆☆

2つの箱AとBに入っているえんぴつの本数の比は2：5でしたが、Bから24本取ったので、本数の比が6：7になりました。はじめにAには何本のえんぴつが入っていましたか。

解き方

Aの線分図を使い、□を○であらわして比をおきかえます。

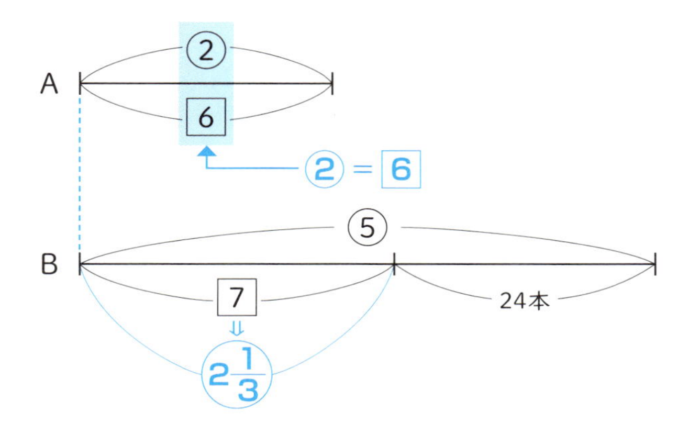

[1]は②÷6＝$\left(\frac{1}{3}\right)$ですから、Bの[7]を$\left(\frac{1}{3}\right)$×7＝$\left(2\frac{1}{3}\right)$におきかえます。

①にあたる大きさは24÷$(5-2\frac{1}{3})$＝9

9×2＝18　よって、18本

これも覚えよう！

A：Bが⑤：⑨、A、Bともに同じ量だけ増えて[3]：[5]となるように、同じ量が増減する場合、「最初の比」におきかえて解く問題もあります。

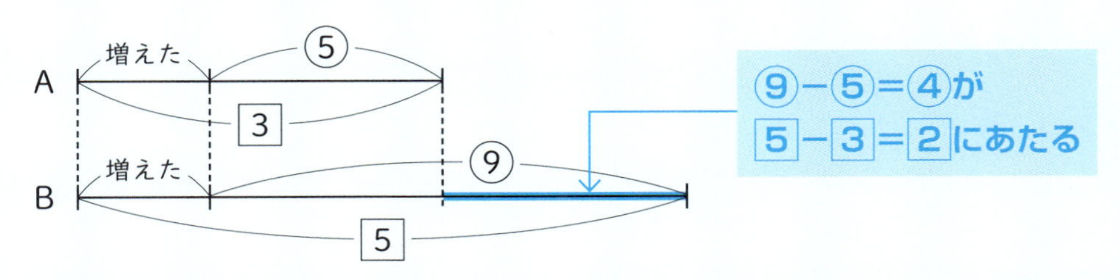

上の線分図では、[1]は4÷2＝②となり、Aの[3]を②×3＝⑥におきかえて考えます。

出る順 **1** 位　割合と比に関する問題

【必ず覚えておきたい解法⑦】

和がわかっていて、2つの量の割合がべつべつに変わる問題

（割合のつるかめ算）

⇒面積図を使って、一方の割合にそろえる

例題 1 ★★★

ある学校の昨年の生徒数は男女合わせて500名でした。今年は男子が5%増え、女子が5%減ったので合計は503人になったといいます。今年の女子の人数は何名ですか。

解き方

まず、昨年の生徒数を面積図であらわします。
つるかめ算の面積図の形を覚えましょう。

合計500名
男子の人数　女子の人数
男子の割合 1　女子の割合 1

今年は、男子は5%増えたので1.05
女子は5%減ったので0.95
そして、（斜線部）の面積の和が503名 です。

500名
男子　女子
1.05　503名　0.95

男女ともに5%増えたとして、
割合をそろえます。

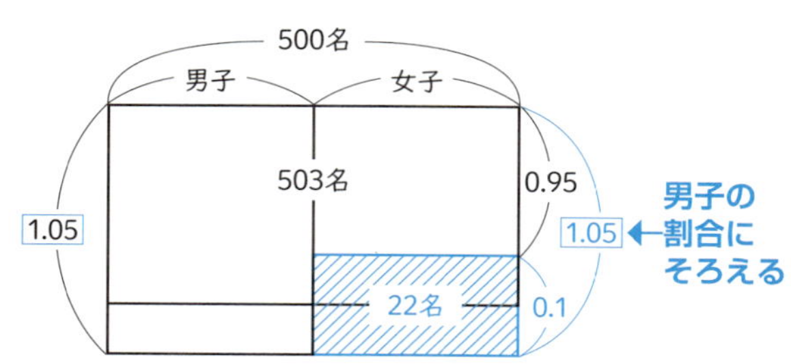

一番下の図の（斜線部）の面積は500×1.05－503＝22となります。
（斜線部）のたては1.05－0.95＝0.1　ですから、（斜線部）のよこ（昨年の女子の人数）は22÷0.1＝220名となります。
よって、今年の女子は220×（1－0.05）＝209名

例題2 ★★

2つの品物A、Bがあり、定価の合計は3000円です。Aを20%値上げし、Bを10%値引きして売ったところ、売り上げは3060円になりました。Aの定価はいくらでしたか。

解き方

問題文を面積図であらわします。

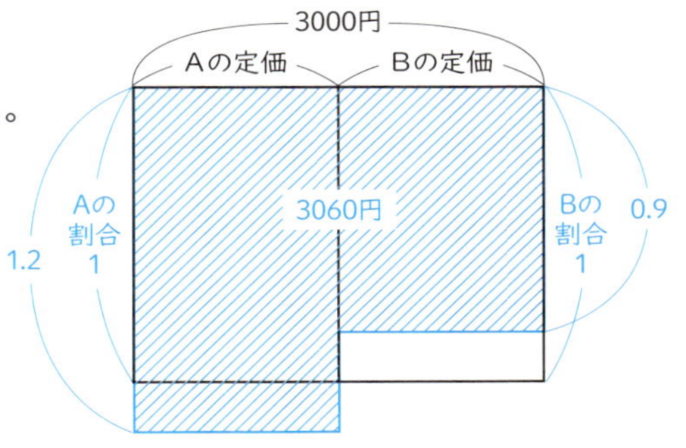

A、Bともに20%値上げしたとして、**割合をそろえます**。

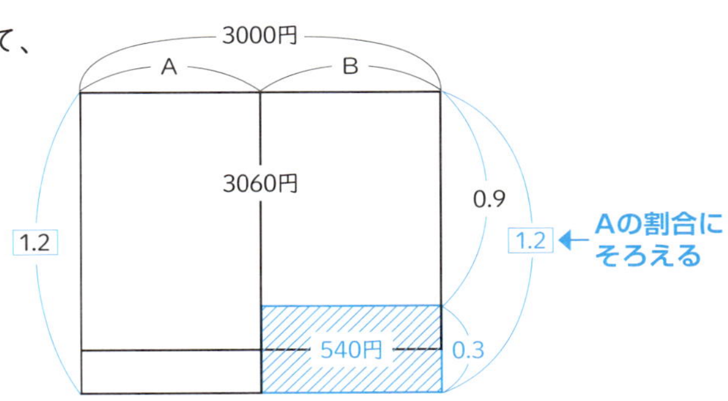

上の図の▨の面積は3000×1.2－3060＝540

▨のたては1.2－0.9＝0.3　▨のよこは540÷0.3＝1800……Bの定価

よって、Aの定価は3000－1800＝1200円

これも覚えよう！

[例題1]の問題の場合、面積図を解いて出てきた答えは、昨年の女子の人数です。問いが昨年の女子の人数を聞いているのならば、そのまま答えになりますが、実際には今年の女子の人数が答えです。面積図を解いて答えが出てきたら、解答にふさわしいかどうかを確認するようにしてください。

出る順 1 位　割合と比に関する問題

[解法別] 間違えやすい必修問題

1 [解法①] を使う問題 ★☆☆

A、B 2本の棒を右の図のように水そうにまっすぐ立てました。Aは全体の$\frac{1}{6}$が、Bは全体の$\frac{2}{5}$が水面より上に出ました。AとBの棒の長さの比を求めなさい。

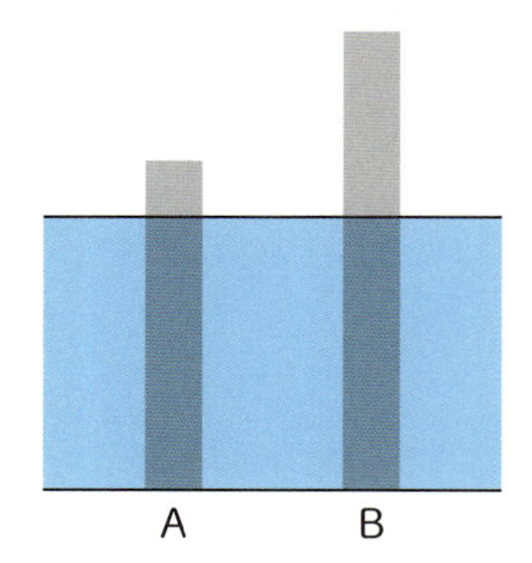

2 [解法②] を使う問題 ★☆☆

Aさんは持っているお金の$\frac{2}{7}$よりも60円多くお金を使いました。次の日に残りのお金の$\frac{1}{4}$を使ったところ、1080円残りました。はじめに持っていた金額を求めなさい。

3 [解法③]を使う問題 ★☆☆

現在、AとBの年令の差は12才で、今から3年後にはAとBの年令の比が5：3になります。現在のAの年令を求めなさい。

4 [解法④]を使う問題 ★☆☆

3000円で仕入れた品物に何割かの利益を見込んで定価をつけました。定価の2割引きで売ったところ利益が360円になりました。見込んだ利益は何割だったかを求めなさい。

5 [解法⑤]を使う問題 ★☆☆

最初、兄と弟の所持金の比は3：2でした。弟が兄に200円あげたので、兄と弟の比は7：3になりました。最初の弟の所持金を求めなさい。

6 [解法⑥]を使う問題 ★★☆

2つの商品、AとBの定価の比は2:1でしたが、両方ともに600円値下げをしたので、売り値の比が7:2になりました。最初のAの定価はいくらでしたか。

7 [解法⑦]を使う問題 ★★☆

姉と妹の所持金の合計は3000円でした。姉は所持金の$\frac{1}{3}$を、妹は所持金の$\frac{1}{2}$を使ったところ、残りの所持金の合計が1800円になりました。最初の姉の所持金はいくらでしたか。

解答&解説

1 水そうの底から水面までの長さを①とします。

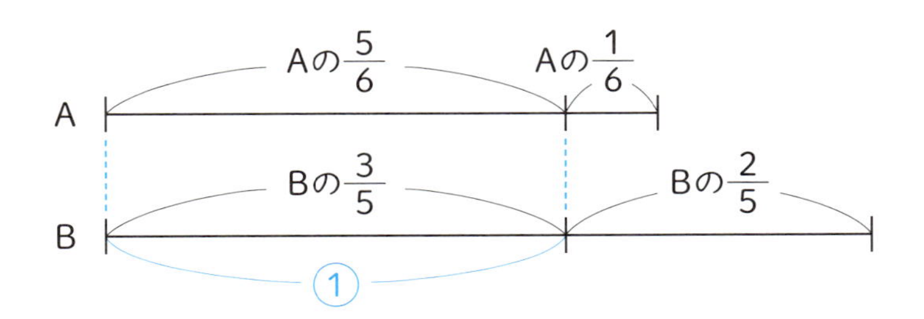

A：Bは①÷□：①÷△で求められますから、

A：B＝①÷$(1-\frac{1}{6})$：①÷$(1-\frac{2}{5})$＝$(1\frac{1}{5})$：$(1\frac{2}{3})$＝18：25

2 Aさんが最初に持っていた金額を①とします。

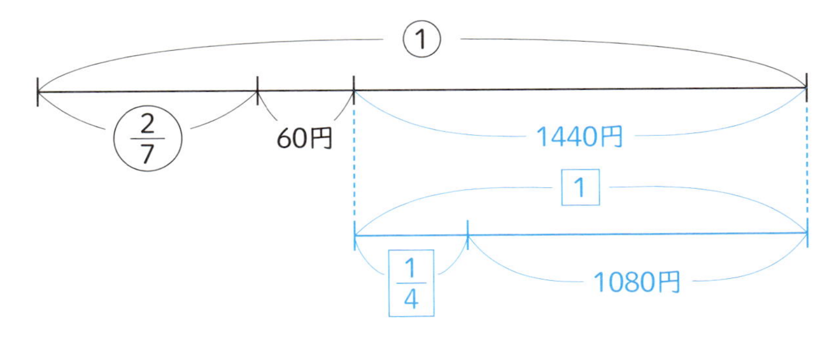

残りの[1]からさかのぼって考えると

[1]は$1080\div(1-\frac{1}{4})=1440$　1440円と60円の和が①－$(\frac{2}{7})$にあたります。

①は$(1440+60)\div(1-\frac{2}{7})=$2100円

3

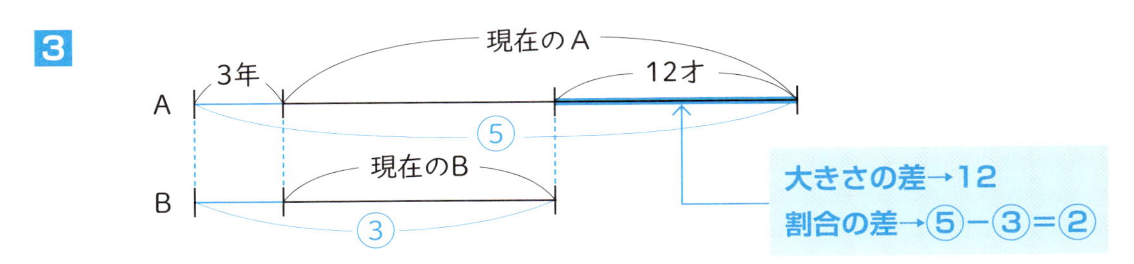

①は、12÷(5－3)＝6です。よって、現在のAは、6×5－3＝27才

4 定価を①とします。**※仕入れ値の3000円は別の線分図であらわしましょう。**

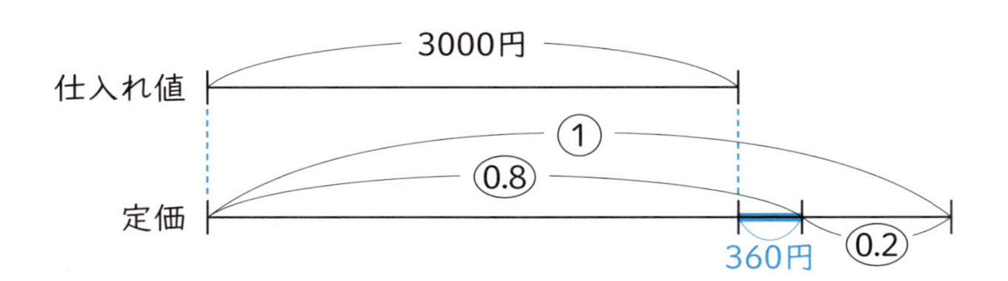

線分図より、3000円＋360円が①－⓪.②にあたりますから、

①は(3000＋360)÷(①－⓪.②)＝4200円(定価)

仕入れ値3000円を定価4200円にしたから、4200÷3000＝1.4　1.4－1＝0.4

よって、4割が見込んだ利益となります。

5

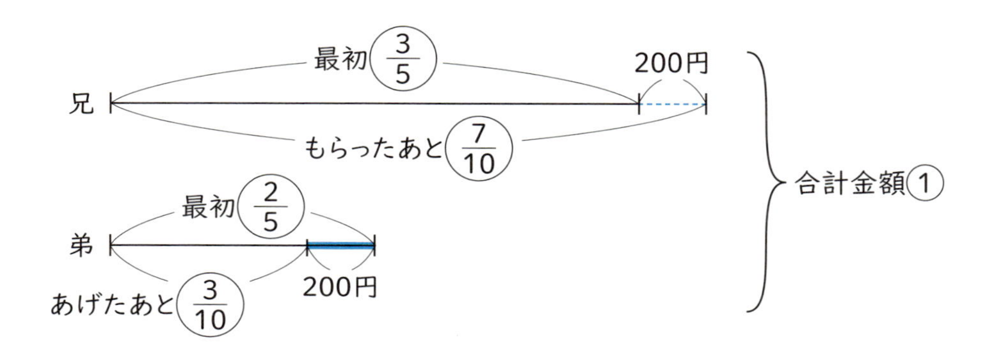

兄と弟の所持金の合計は変わらないから、合計金額を①とします。

最初の兄は合計金額の$\left(\frac{3}{3+2}\right)=\left(\frac{3}{5}\right)$

200円もらったあとの兄は合計金額の$\left(\frac{7}{7+3}\right)=\left(\frac{7}{10}\right)$　となります。

合計金額①は

やりとりの量÷(前後の割合の差)で求められますから、$200\div(\frac{7}{10}-\frac{3}{5})=2000$円

よって、最初の弟は$2000\times\frac{2}{3+2}=$800円

6

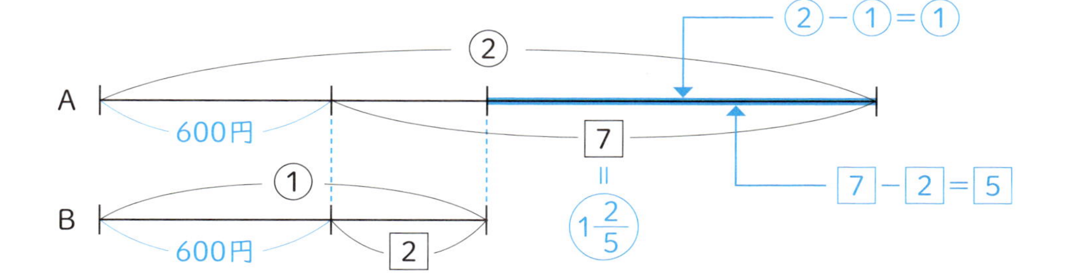

線分図より①が[5]にあたっているから、[1]は$\frac{1}{5}$（丸囲み）にあたります。

Aの[7]を$\frac{1}{5}$（丸囲み）×7＝$1\frac{2}{5}$（丸囲み）におきかえると、

②と$1\frac{2}{5}$（丸囲み）の差が600円にあたることがわかります。

よって、①にあたる量は$600 \div (2-1\frac{2}{5}) = 1000$円

Aの定価は1000×2＝<u>2000円</u>

7 1800円は残りの所持金ということに注意して面積図を書きます。

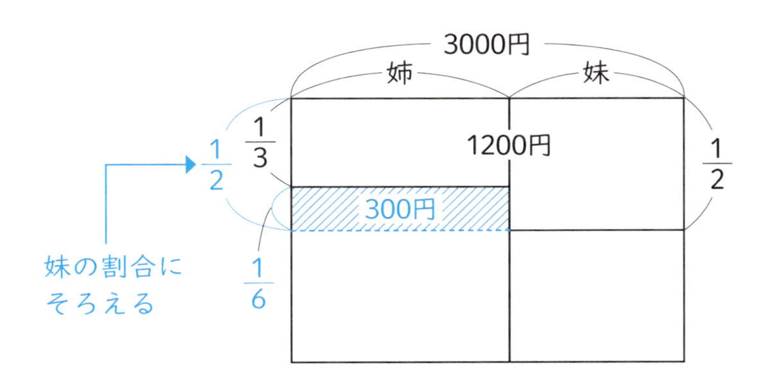

使ったお金の合計は3000－1800＝1200円だから、

姉の所持金の$\frac{1}{3}$と妹の所持金の$\frac{1}{2}$の合計は1200円だとわかります。

妹の割合にそろえると、面積図の青の斜線部は$3000 \times \frac{1}{2} - 1200 = 300$円

よって、姉の所持金は$300 \div (\frac{1}{2} - \frac{1}{3}) =$ <u>1800円</u>

出る順 2 位　平面図形の面積に関する問題

【必ず覚えておきたい解法①】

「公式」があてはまらない図形の面積を求める問題（多角形の面積）

⇒補助線を引いて「基本図形」にわける

例題 1 ★☆☆

右の図で、四角形AECFの面積を求めなさい。

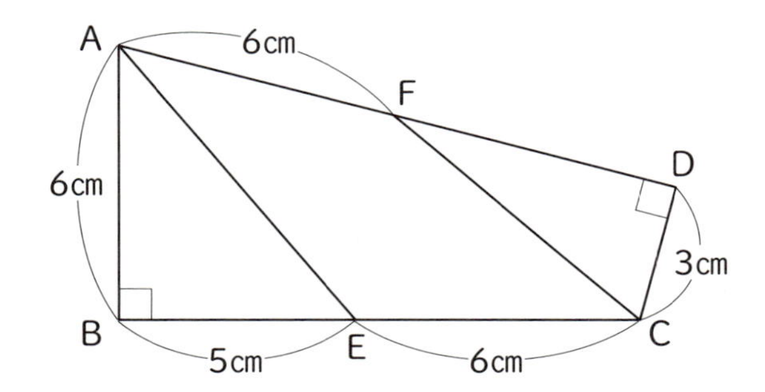

解き方

四角形AECFは直接、公式があてはめられる四角形（正方形・長方形・ひし形・平行四辺形・台形）ではありません。このような場合、**補助線を引いて「基本図形（公式があてはめられる図形）」にわけて**考えます。

右の図のように
補助線をACに引くと、
四角形AECFは三角形AECと
三角形ACFにわかれます。
三角形AECの底辺をEC、
三角形ACFの底辺をAFとして
それぞれの面積の和を求めます。

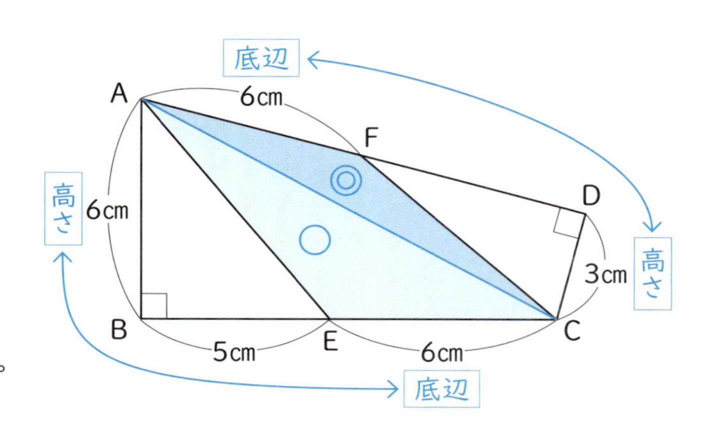

よって、$6 \times 6 \div 2 + 6 \times 3 \div 2 =$ 27㎠

例題2 ★★★

下の図は面積60㎠の正六角形です。次の斜線部分の面積を求めなさい。

(1)

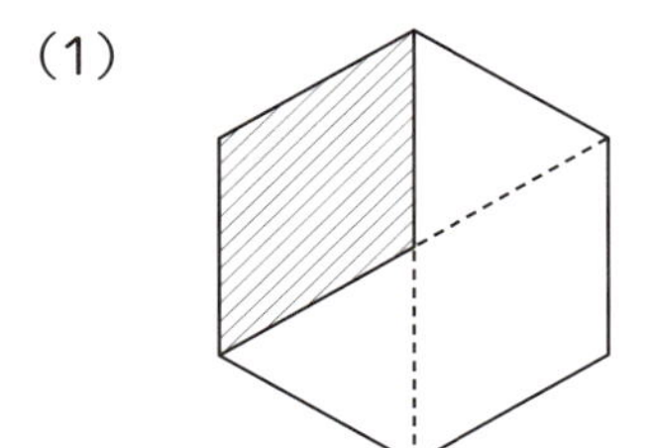

(2)

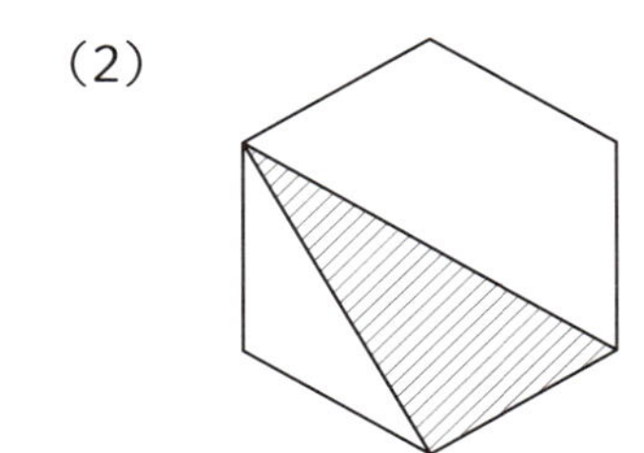

解き方

(1)の四角形も(2)の三角形も、底辺と高さがわかりませんから、公式にあてはめて面積を求めることはできません。そこで、**補助線を引いて「基本図形」にわけて**考えます。

下の図のように正六角形を三角形にわけていきます。

(1)

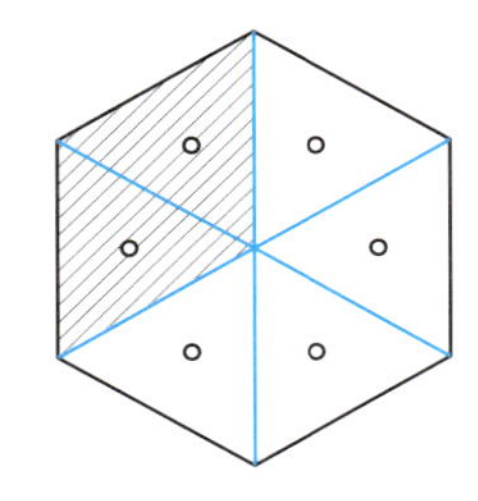

(2)

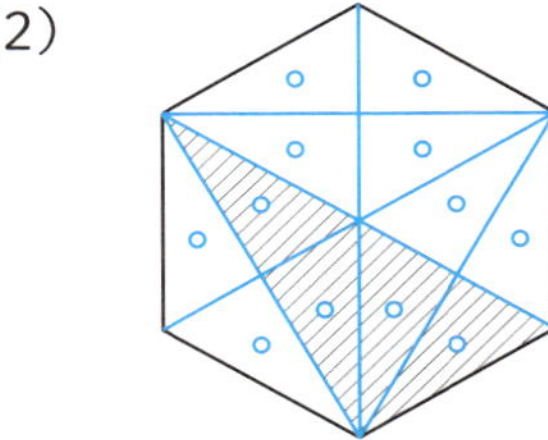

(1) 六角形の中心と頂点を結ぶように、面積の等しい6つの三角形にわけました。
　○1つぶんの三角形の面積は60÷6＝10㎠　ですから、10×2＝20㎠

(2) (1)と同じように、面積の等しい12個の三角形にわけました。
　○1つぶんの三角形の面積は60÷12＝5㎠　ですから、5×4＝20㎠

これも覚えよう！

多角形の図形では、公式にあてはまる図形にわかれるように補助線を引けばよいのですが、引き方のコツがあるので覚えておきましょう。

- **図に記入されていない対角線が補助線となるパターン**
  ⇒[例題1]の補助線は四角形AECFの対角線です。また、[例題2]では、まず対角線を結び、そこから面積の等しい三角形にわけていきました。
- **図の辺と平行な線が補助線となるパターン**
  ⇒等積変形(36ページ〜)や相似な三角形の問題(116ページ〜)で出てきます。

出る順 **2** 位　平面図形の面積に関する問題

【必ず覚えておきたい解法②】

円が関係する図形の面積を求める問題（円やおうぎ形の面積）

⇒「円の中心Oを通る補助線」を引く

例題 1 ★★★

右の図の点、ABCDは半径10cmの円周を4等分した点です。斜線部の面積を求めなさい。
ただし、円周率は3.14とします。

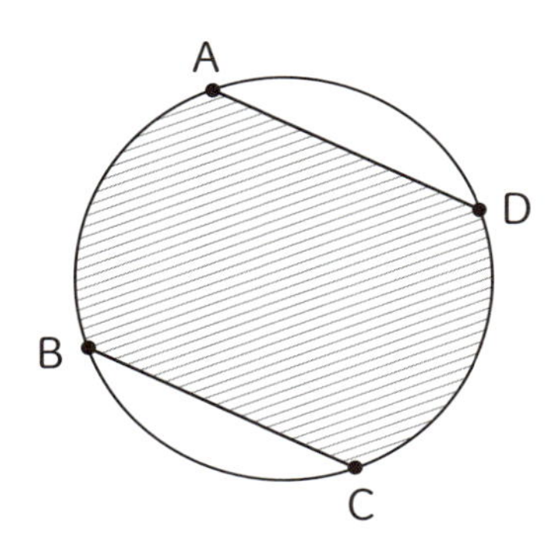

解き方

円が関係する図形の面積で、一番のポイントは**「円の中心Oを通る補助線」を引く**ことです。円の中心Oを書き入れて、OからA、B、C、Dに補助線を引いてみます。円周を4等分していますので、補助線ACと補助線BDは垂直になっています。

斜線部の面積は、
2つの直角二等辺三角形と、
2つの四分円(円を、互いに垂直な直径によって4等分したときの1つのおうぎ形)にわかれます。

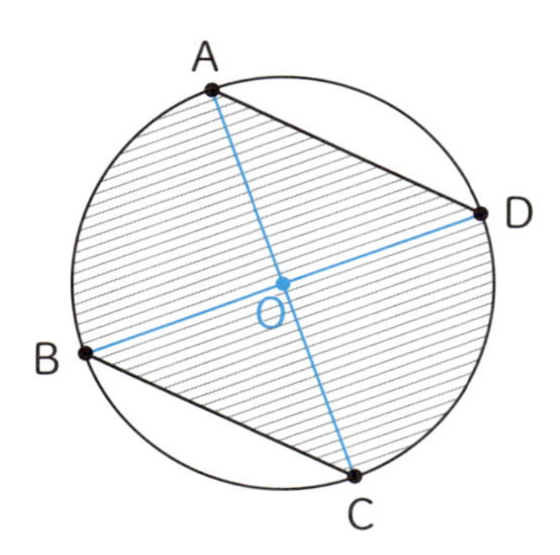

よって、10×10÷2×2＋10×10×3.14÷4×2＝257㎠

例題2 ★★

右の図は、半径12cmの半円を2つにわけた図形です。斜線部の面積を求めなさい。
ただし、円周率は3.14とします。

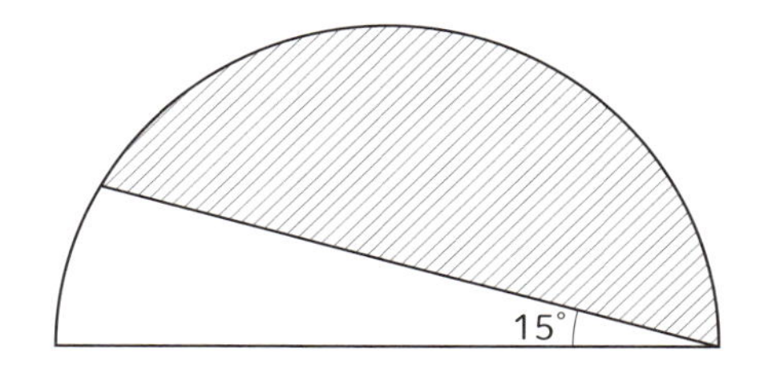

解き方

斜線部はおうぎ形ではありません。
そこで、**「円の中心Oを通る補助線」**OAを引きます。
角AOHは30度、角AOBは150度です。
斜線部は、おうぎ形OABから三角形AOBを引いた面積になります。

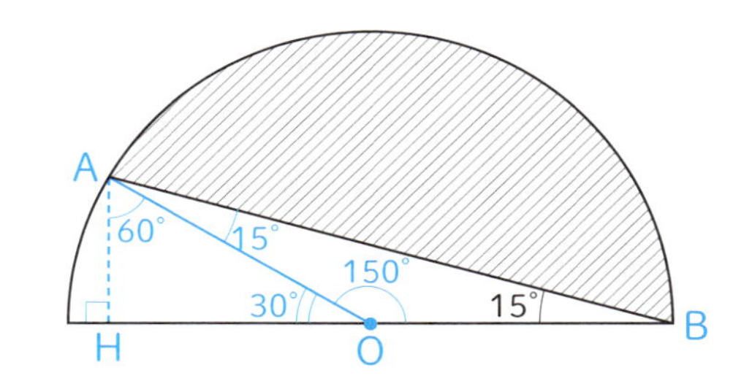

三角形AHOは右の図より、
正三角形を半分にした形ですから
AH＝6cmです。

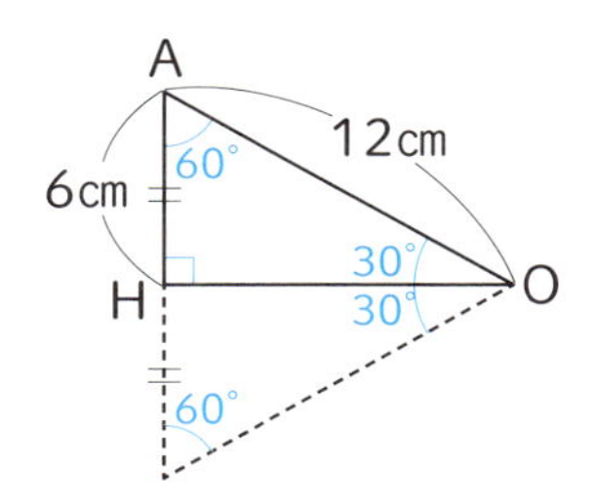

よって、$12\times12\times3.14\times\frac{150}{360}-12\times6\div2=$ 152.4cm²

これも覚えよう！

右の図のように、同じ半径の円2つを、円周がそれぞれおたがいの中心A、Bを通るように重ねて書くと、AP＝AB＝PBはそれぞれ半径となりますから、三角形PABは正三角形となります。

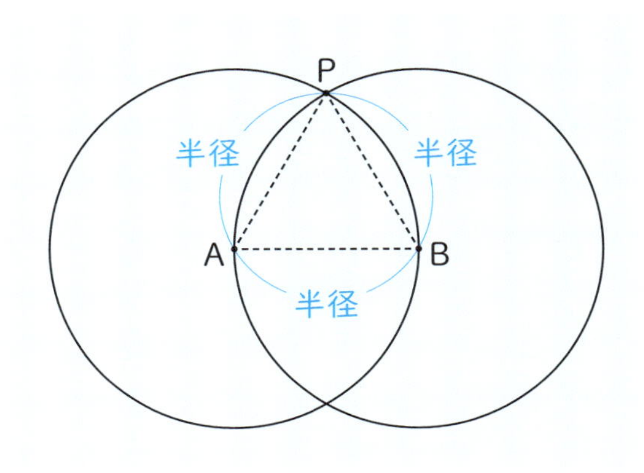

出る順2位　平面図形の面積に関する問題

【必ず覚えておきたい解法③】

バラバラになった図形の面積の和を求める問題（等積変形・等積移動）

⇒等しい面積を見つけて、図形をまとめる

例題1 ★☆☆

右の図のような長方形があります。
斜線部の面積の和は何㎠ですか。

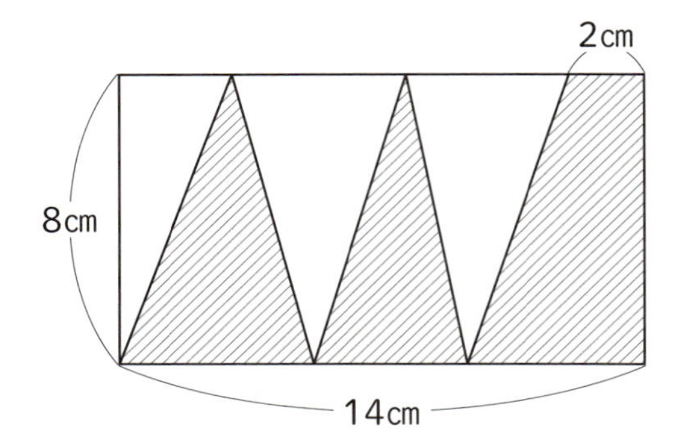

解き方

右の図で3つの三角形は、底辺と高さが等しくなりますから、面積もすべて等しくなります。このように面積を変えずに形を変えることを等積変形といいます。

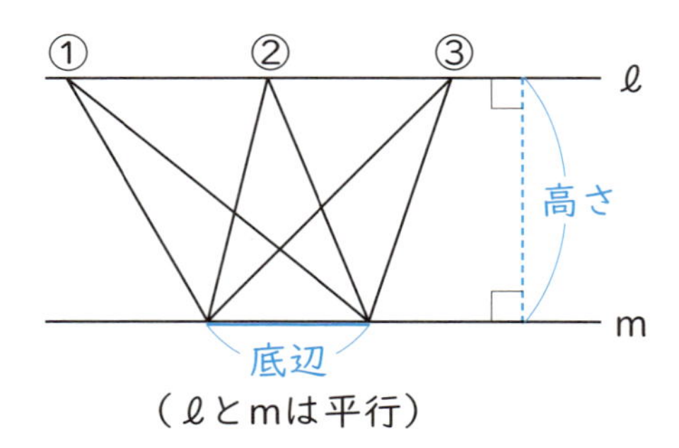

（ℓとmは平行）

この性質を使うと、右の図のように**等しい面積が見つかって、図形がまとまります。**
斜線部の面積は、上底2cm、下底14cm、高さ8cmの台形ですから、
(2＋14)×8÷2＝64㎠

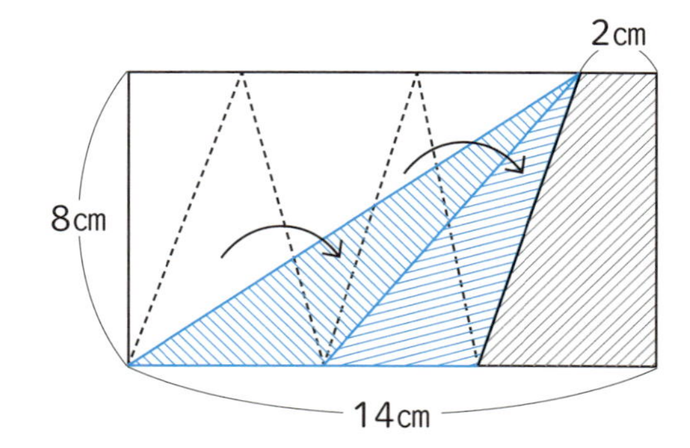

例題2 ★☆☆

右の図で、斜線部の面積の和を求めなさい。
ただし、円周率は3.14とします。

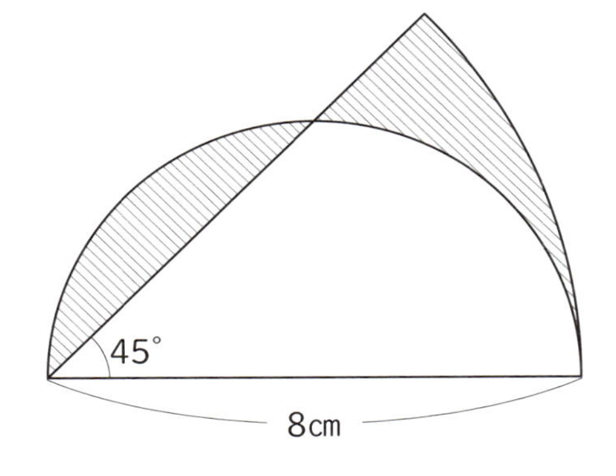

解き方

等しい面積を見つけて、図形をまとめたいのですが、すぐに等しい面積は見つかりません。そこで、34ページ、出る順2位の解法②で学習した、**「円の中心Oを通る補助線」を引いて**みます。

Ⓐとⓑはそれぞれ四分円から直角三角形を引いたものですから面積は等しくなります。そこで、ⒶをⒷに移動して**図形をまとめます。**
斜線部の面積の和は、おうぎ形BCAから直角二等辺三角形DBCをひいた面積になります。

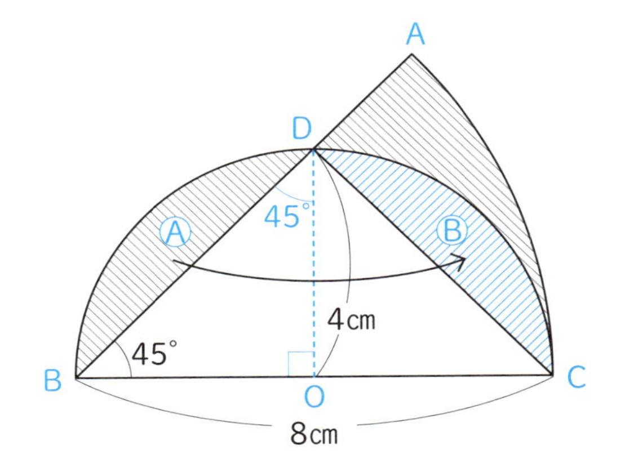

よって、$8\times8\times3.14\times\frac{45}{360}-8\times4\div2=$<u>9.12㎠</u>

これも覚えよう！

等積変形の性質を使うと、下の図のように、㋐と㋑の面積は等しくなります。
“台形のちょうちょ”は面積が等しいと覚えてください。

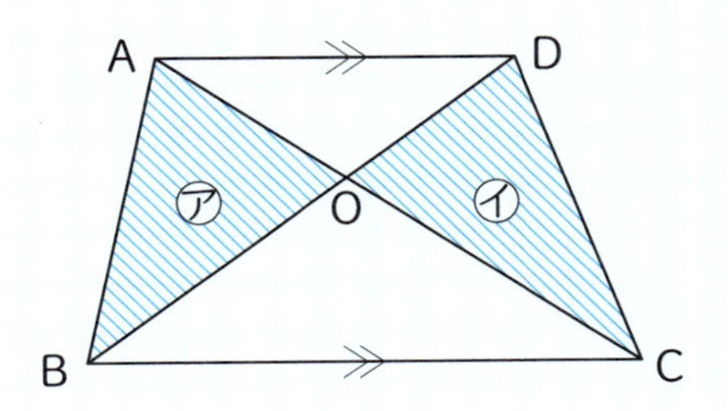

三角形ABC＝三角形DBC
㋐＝三角形ABC－三角形OBC
㋑＝三角形DBC－三角形OBC
よって、㋐＝㋑

出る順 **2** 位　平面図形の面積に関する問題

【必ず覚えておきたい解法④】

図形の一部が重なっていて、重なっていない部分の面積を求める問題（等積移動）

⇒重なりをふくめて、基本図形にする

例題1 ★★★

右の図のように長方形と四分円が重なっていて、㋐と㋑の面積が等しいとき、□は何cmになりますか。ただし、円周率は3.14とします。

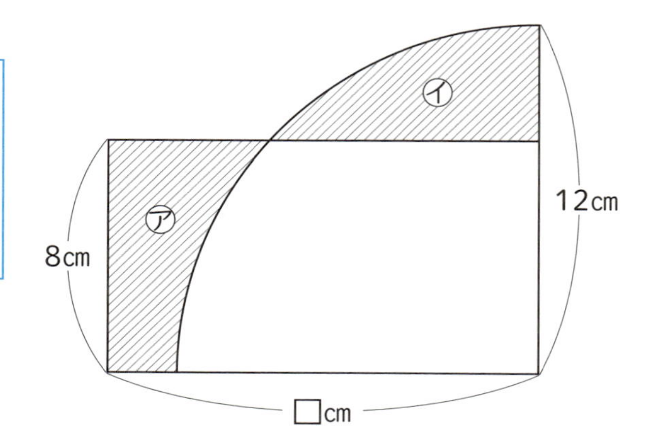

解き方

㋐も㋑も基本図形ではありません。
そこで、**重なっている㋒をそれぞれにふくめて**考えると
㋐**＋㋒**＝長方形
㋑**＋㋒**＝四分円　となって、
2つの基本図形の面積が等しいことがわかります。

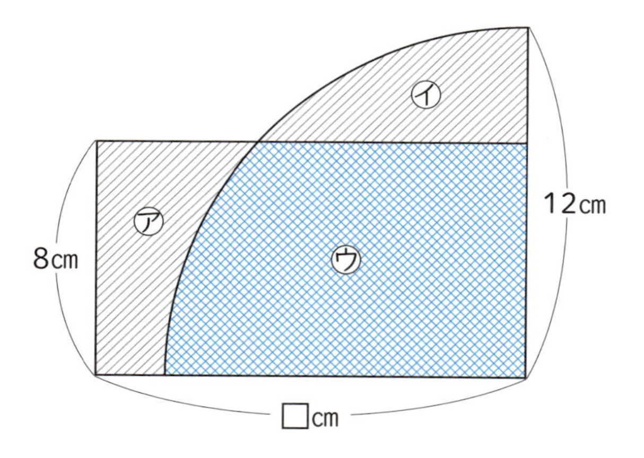

四分円の面積を求めて、長方形の高さでわれば□が求まります。

よって、□は　$12\times12\times3.14\times\frac{90}{360}\div8=$ 14.13cm

例題2 ★★★

右の図はたて6cm、
よこ8cmの長方形です。
㋐と㋑の面積の差を求めなさい。
ただし、円周率は3.14とします。

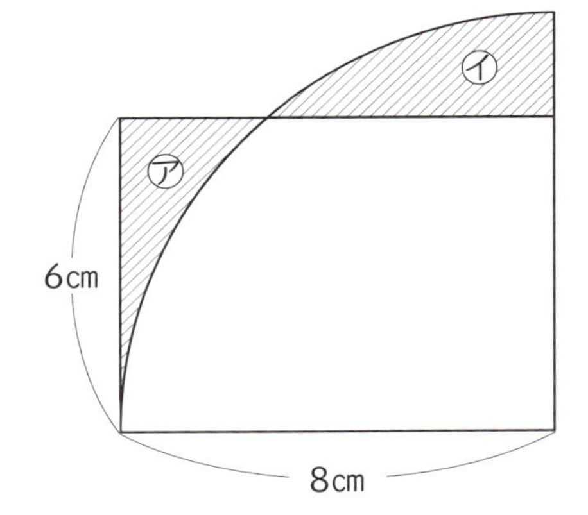

解き方

この問題では、直接㋐と㋑の面積を求めることができません。そこで、**重なっている㋒をそれぞれにふくめて基本図形にして**から考えます。

㋐＋㋒＝長方形
㋑＋㋒＝四分円　となりますから、
㋐と㋑の面積の差は、長方形と四分円の面積の差と等しくなります。

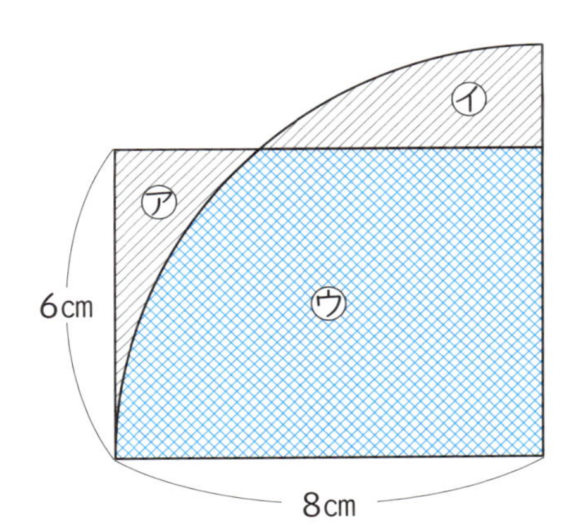

長方形……$6\times8=48$cm²

四分円……$8\times8\times3.14\times\dfrac{90}{360}=50.24$cm²

よって、差は$50.24-48=$**2.24cm²**

こんな問題に注意！

例 合同な2つの直角三角形が重なっています。斜線部分の面積を求めなさい。

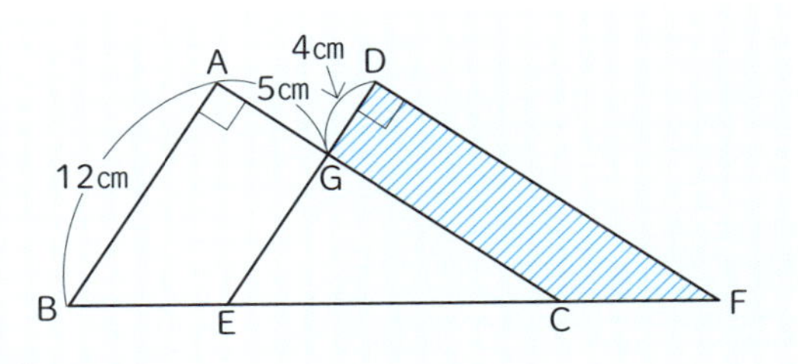

答え 相似を使って解くように見える問題ですが、
DFやGCの長さを求めるのは遠回りです。
そこで、三角形GECを重なりとして考えると、
台形DGCF＝三角形DEF－三角形GEC
台形ABEG＝三角形ABC－三角形GEC
となって、台形DGCFと台形ABEGの面積が等しいことがわかります。
GE＝12－4＝8cmですから、$(8+12)\times5\div2=$**50cm²** となります。

出る順 2 位　平面図形の面積に関する問題

[解法別] 間違えやすい必修問題

1 [解法①]を使う問題 ★☆☆

右の図は五角形です。この図形の面積を求めなさい。

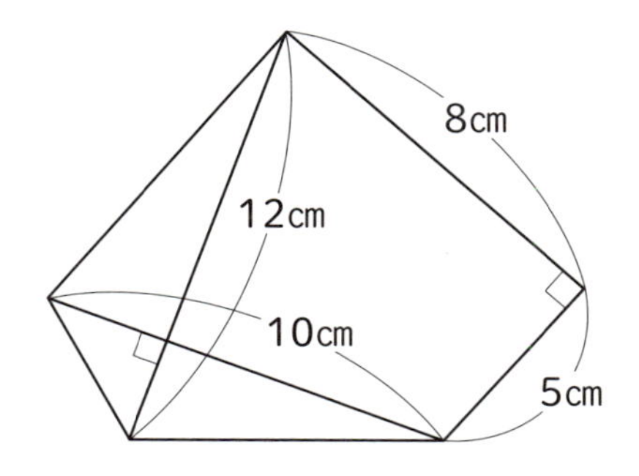

2 [解法②]を使う問題 ★☆☆

右の図は、半径10cmの円周を12等分した点です。斜線部の面積を求めなさい。ただし、円周率は3.14とします。

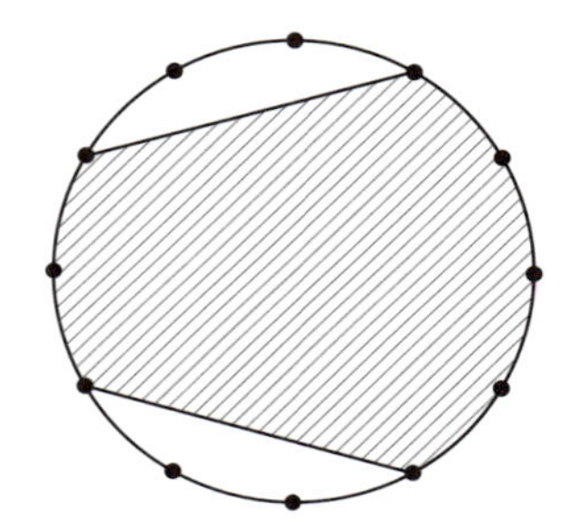

3 [解法③]を使う問題 ★☆☆

右の図の斜線部の面積を求めなさい。

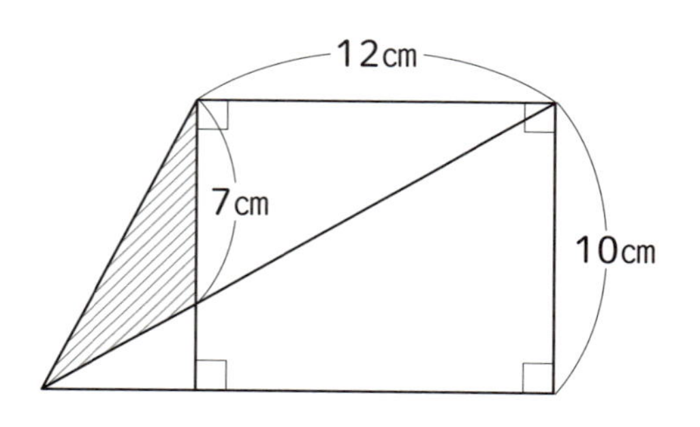

4 [解法④]を使う問題 ★☆☆

右の図で、㋐と㋑の部分の面積が等しいとき、□の長さは何cmになりますか。

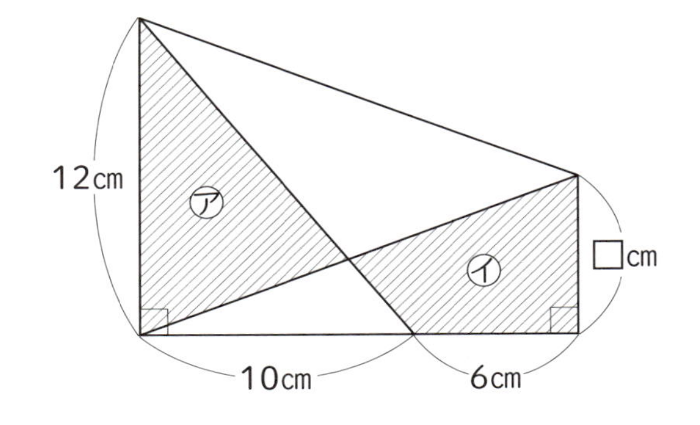

5 [解法①]を使う問題 ★☆☆

右の図で、方眼の1目もりは1cmです。斜線部の面積を求めなさい。

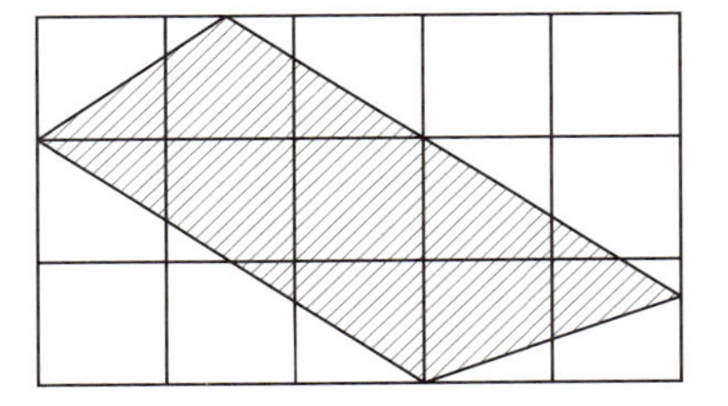

6 [解法③]を使う問題 ★★☆

右の図のように、長方形が4つの三角形にわけられています。㋐は32cm²、㋑は18cm²㋒は24cm²です。㋓の面積を求めなさい。

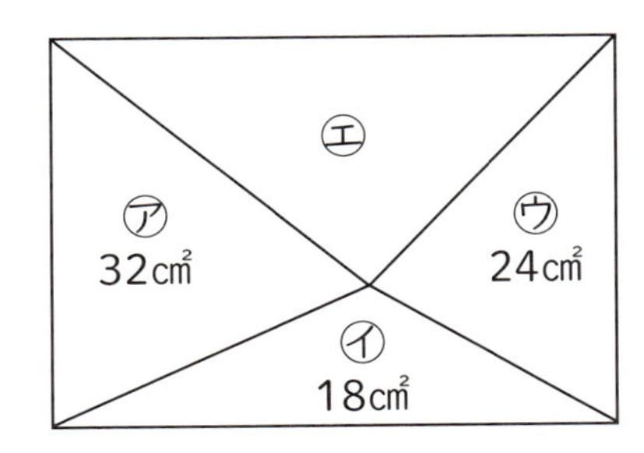

解答&解説

1 図のように補助線を引いて2つの
基本図形にわけます。
対角線が直角に交わる四角形の
面積は、**対角線×対角線÷2**で
求められますから、
四角形の面積は10×12÷2＝60㎠
三角形の面積は8×5÷2＝20㎠
よって、60＋20＝80㎠

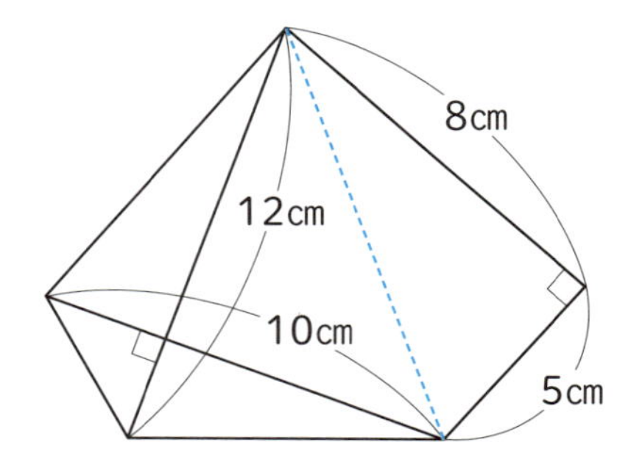

2 図のように**円の中心Oを通る補助線**を引きます。
2辺の長さがそれぞれ10cmの直角二等辺三角形が2つと、
中心角が60度と120度のおうぎ形にわかれます。

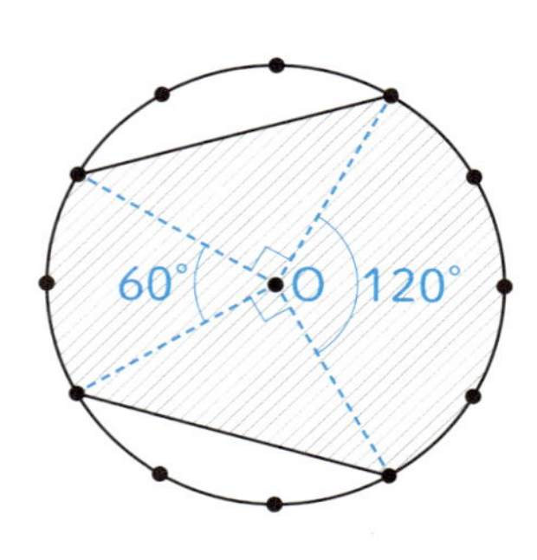

よって、
$10 \times 10 \div 2 \times 2 + 10 \times 10 \times 3.14 \times \frac{60+120}{360} = 257$㎠

3 補助線を入れると、
"台形のちょうちょ"（等積変形）が使えます。
よって、3×12÷2＝18㎠

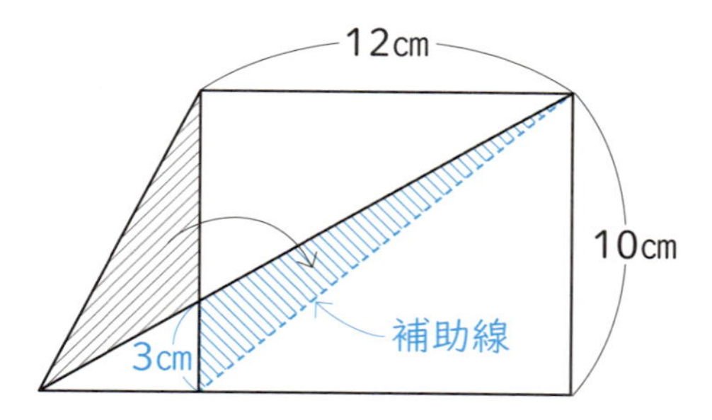

4 三角形㋒を重なりとして考えると、
三角形㋐**＋三角形㋒**＝三角形ABE
四角形㋑**＋三角形㋒**＝三角形DBC
㋐と㋑の部分の面積が等しいから、
三角形ABEと三角形DBCの面積は
等しくなります。
三角形ABE……10×12÷2＝60㎠
よって、三角形DBCの高さは
60×2÷(10＋6)＝7.5㎝

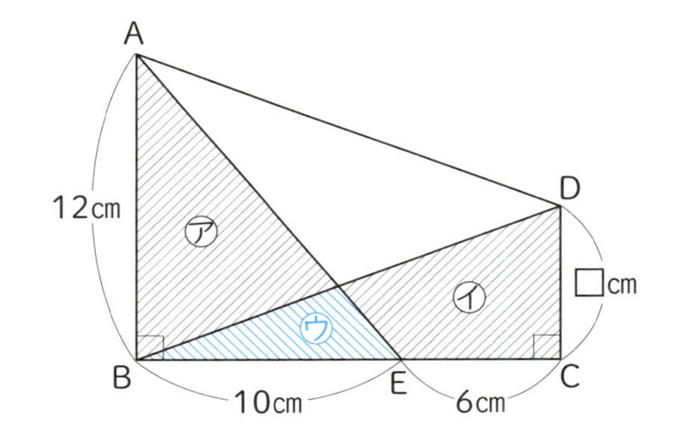

5 この図形は公式では求められない
四角形ですから、
右の図のように方眼の目もりにそって、
3つの三角形①～③にわけて考えます。
よって、
3×1÷2＋3×2÷2＋2×2÷2＝6.5㎠

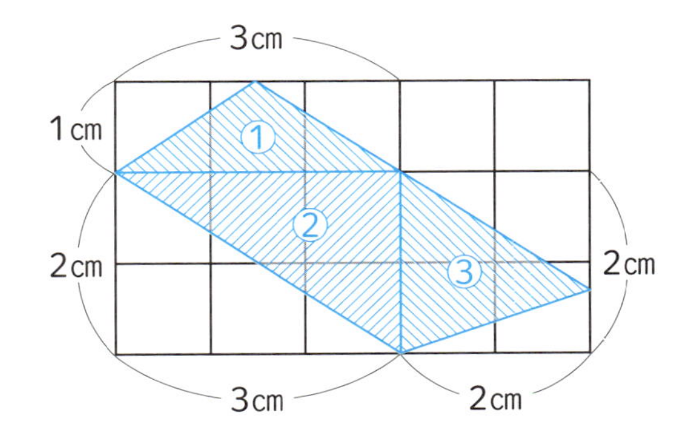

6 右の図のように、AB、DCに
平行な補助線を引きます。
㋐は三角形ABEに、
㋒は三角形DECに**等積変形できます。**
また、三角形ABE＝三角形EBF、
三角形DEC＝三角形EFC
(いずれも長方形の半分)となりますから、
㋐＋㋒は長方形の面積の半分です。
㋐＋㋒＝32＋24＝56㎠
よって、
長方形の面積は56×2＝112㎠となります。
㋓＝112－(32＋18＋24)＝38㎠

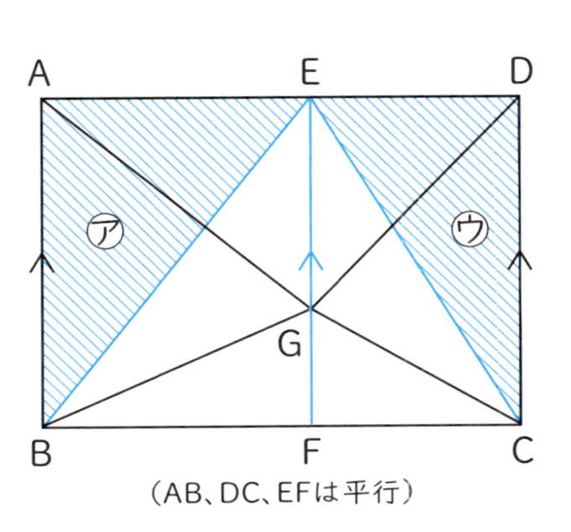

(AB、DC、EFは平行)

出る順 3 位　速さに関する問題

【必ず覚えておきたい解法①】

出会ったり、追いついたりする問題（旅人算）

⇒「へだたり（＝距離）」をとらえて、
出会う………（へだたり）÷（速さの和）
追いつく……（へだたり）÷（速さの差）

例題 1 ★★★

姉は分速60mで、妹は分速45mで歩きます。
(1) 家と学校とは1260mはなれています。姉は家から学校へ、妹は学校から家に向かって同時に出発しました。2人が出会うのは、出発してから何分後ですか。
(2) 妹が家を出発して6分後に姉が家を出発しました。姉が妹に追いつくのは姉が家を出発して何分後ですか。

解き方

(1)右の図より、**2人のへだたり**は1260mです。
よって、1260÷(60＋45)＝12分後

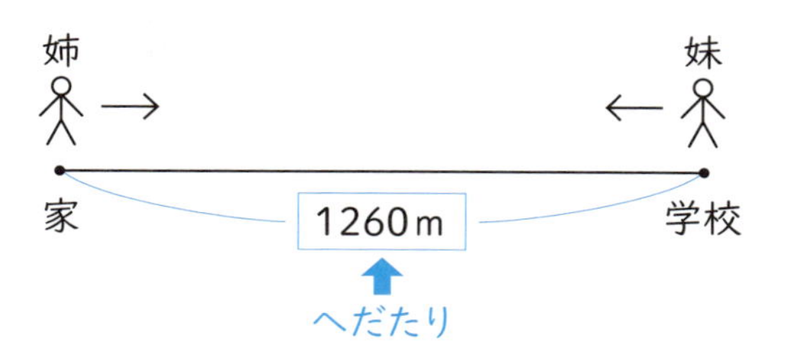

(2)姉が出発したとき、妹は6分ぶん進んでいます。**2人のへだたり**は45×6＝270mとなります。
よって、270÷(60－45)＝18分後

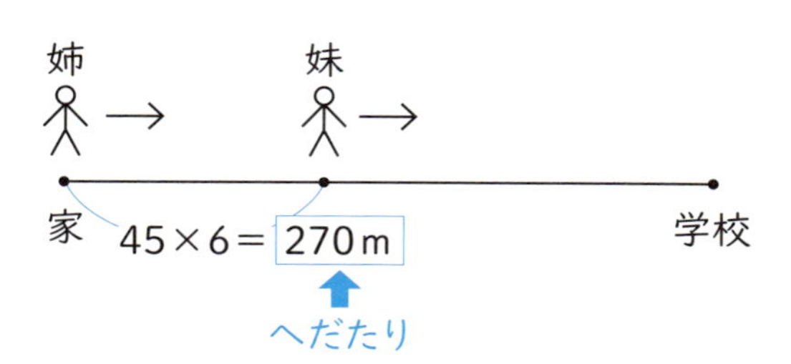

例題2 ★

Aが分速60mで歩き始めてから8分後にBがAを追いかけたところ、30分後に追いつきました。Bの速さを求めなさい。

解き方

8分後の2人のへだたりは、

$60 \times 8 = 480$m

Bの分速を□mとすると、

$480 \div (□ - 60) = 30$

$□ - 60 = 16$

$□ = 76$　よって、分速76m

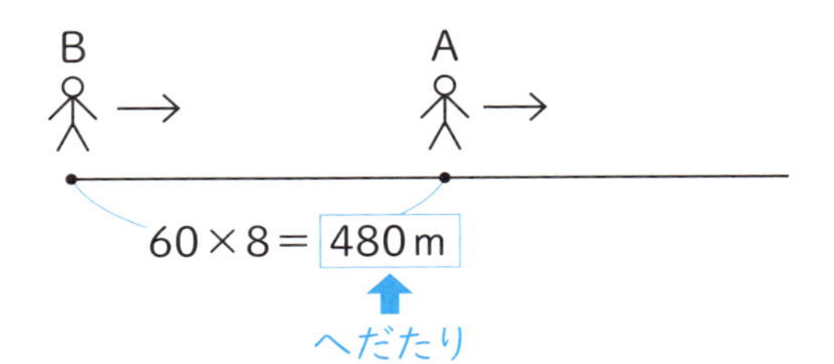

[別解]

BがAに追いついたとき、Aの進んだ距離は$60 \times (8 + 30) = 2280$m

この距離をBは30分で進んだので、$2280 \div 30 = 76$　よって、分速76m

こんな問題に注意！

1歩あたりに進む距離(歩幅)に注目をして、速さの比を求める問題もあります。

例 **Aが5歩で進む距離をBは6歩で、また、Aが3歩進む間にBは4歩進みます。AとBの速さの比を求めなさい。**

答え 右の図より、Aの1歩は　$1 \div 5 = \frac{1}{5}$

Bの1歩は　$1 \div 6 = \frac{1}{6}$

Aが3歩進むと進んだ距離は　$\frac{1}{5} \times 3 = \frac{3}{5}$

その間にBは4歩進みます。

Bの進んだ距離は　$\frac{1}{6} \times 4 = \frac{2}{3}$

同じ時間で進んだ距離の比は

速さの比と等しいので　$\frac{3}{5} : \frac{2}{3} = 9 : 10$

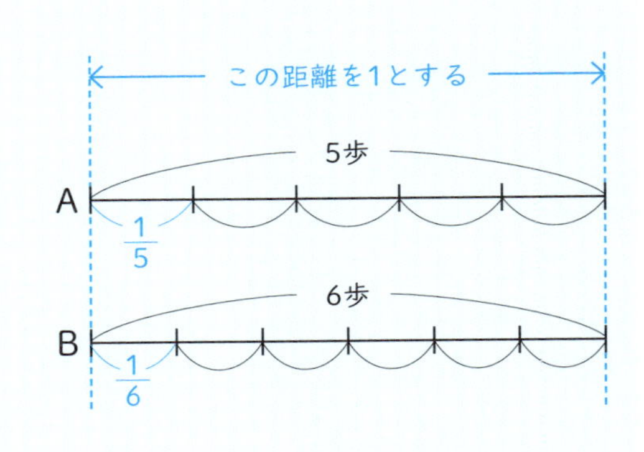

出る順 3 位　速さに関する問題

【必ず覚えておきたい解法②】

池の同じ場所から同時に、同じ向きや反対方向に進む問題（旅人算・池の周回、時計算）

⇒へだたりは池の1周ぶん

例題1 ★☆☆

1周が1200mの池のまわりを、同じ場所から同時にAは分速20mで、Bは分速80mで進みます。

(1) AとBが反対方向に進むとき、AとBが1回目に出会うのは何分後ですか。また、2回目に出会うのは何分後ですか。

(2) AとBが同じ向きに進むとき、BがAに1回目に追いつくのは何分後ですか。また、2回目に追いつくのは何分後ですか。

解き方

(1) 1回目の**へだたりは池1周ぶん**です。
出会う場合は、へだたり÷(速さの**和**)ですから、
1200÷(20＋80)＝12分後
また、右の図のように、1回出会ってから、
2回目に出会う場合も、**へだたりは池1周ぶん**です。
よって、12分後のさらに12分後が2回目の
出会いになります。12×2＝24分後

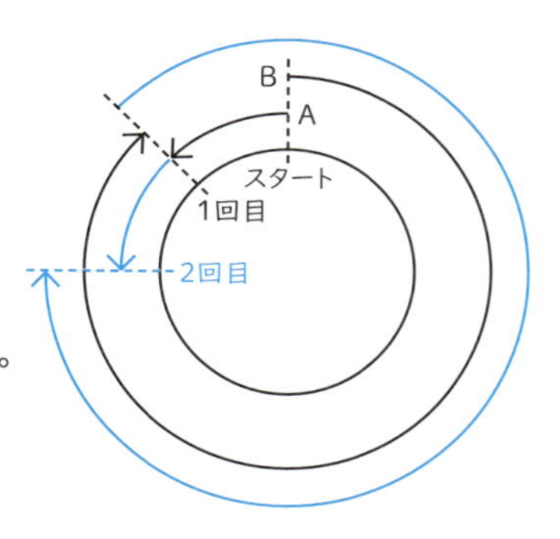

(2)右の図のように
1回目の**へだたりは池1周ぶん**です。
追いつく場合は、
へだたり÷(速さの**差**)ですから、
1200÷(80－20)＝20分後
2回目に追いつくのは出会う場合と同じように、
へだたりは池1周ぶんです。
よって、20分後のさらに20分後が2回目に
追いついた時間です。20×2＝40分後

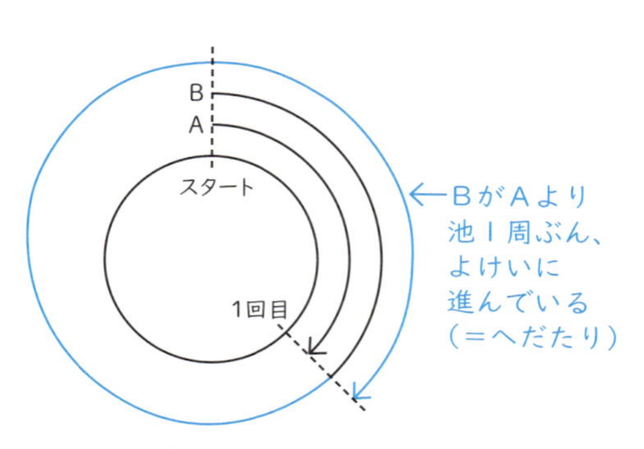

※1回目に追いついたところが
2回目のスタートになる

例題2 ★

AとBが同じ場所から同時に池のまわりを進みます。同じ向きに進むと24分後にAはBに追いつき、反対方向に進むと12分後に出会います。AとBの速さの比を求めなさい。

解き方

同じ向きに進んでも反対方向に進んでも、AとBの**へだたりは池1周ぶん**です。

池1周の距離を1とすると、

追いつく……1÷(Aの速さ－Bの速さ)＝24……①

出会う………1÷(Aの速さ＋Bの速さ)＝12……②　となります。

ここから、

①より、Aの速さ－Bの速さ＝1÷24＝$\frac{1}{24}$

②より、Aの速さ＋Bの速さ＝1÷12＝$\frac{1}{12}$です。

速さの和と差がわかっているので、下の線分図より

「和差算」(大きいほうの数＝(和＋差)÷2)を使って、

Aの速さ＝$(\frac{1}{12}+\frac{1}{24})\div 2=\frac{1}{16}$

Bの速さ＝$\frac{1}{16}-\frac{1}{24}=\frac{1}{48}$

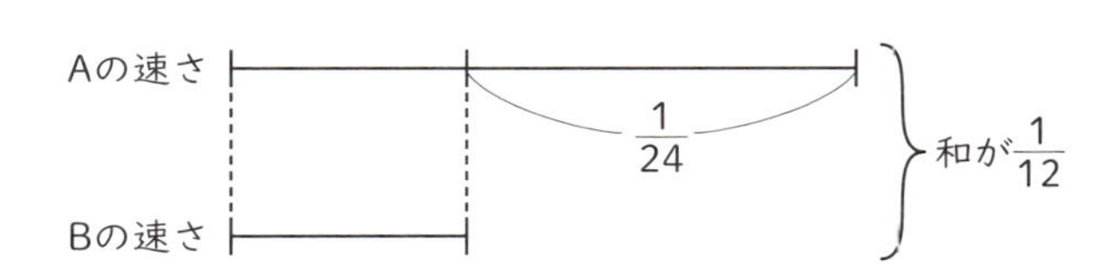

よって、AとBの速さの比は

$\frac{1}{16}:\frac{1}{48}$＝3：1

こんな問題に注意！

例 時計の長針と短針がピッタリ重なってから、次に長針と短針がピッタリ重なるのは、何分後ですか。

答え 時計算では、「速さ」のかわりに針が進む「角度」で考えます。長針は1分間には6度、短針は1分間には0.5度進みます。

長針と短針がピッタリ重なってから、次にピッタリ重なるまでの長針と短針の**へだたりは時計1周(＝360度)ぶん**です。

よって、360÷(6－0.5)＝$65\frac{5}{11}$分後　となります。

出る順 3 位　速さに関する問題

【必ず覚えておきたい解法③】

AB間を往復して何回か出会う問題（旅人算・往復）

⇒2回目に出会うまでのへだたりはAB間の3倍

例題1 ★☆☆

1200m離れたAB間を、兄はAから分速85mで弟はBから分速65mで、同時に出発して何度も往復します。2人が2回目に出会うのは、出発してから何分後ですか。

解き方

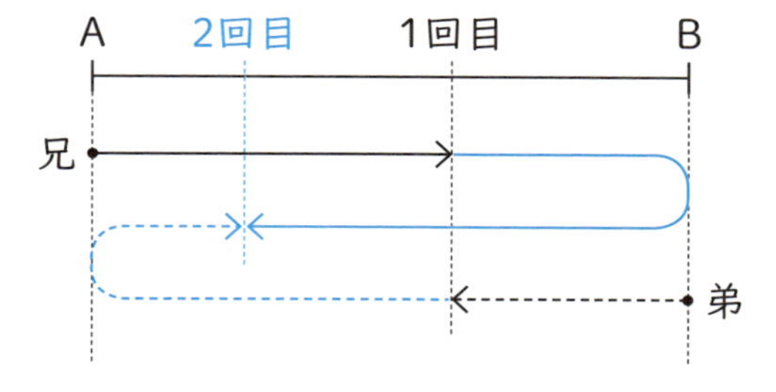

図より、出会うまでのへだたりは、
1回目に出会うまで
→AB間のへだたり（＝1200m）
1回目に出会ってから2回目に出会うまで
→AB間のへだたりの2倍（＝2400m）
よって、右の図のように
2回目に出会うまでのへだたりは、
AB間のへだたりの3倍になります。
2回目に出会うのは、
1200×3÷(85＋65)＝24分後

例題2 ★☆☆

左ページの[例題1]で、2人が5回目に出会うのは、出発してから何分後ですか。

解き方

1回目の出会いは、へだたりが1200mですから、
1200÷(85＋65)＝8分後　です。
2回目以降の出会いは、へだたりが2400mになりますから、
2400÷(85＋65)＝16分ごとに出会います。

2回目以降は16分ごとに出会いますから、
5回目の出会いは、1回目と2回目以降の残りの4回ぶんにかかる時間の和になります。
よって、8＋16×(5－1)＝72分後

こんな問題に注意！

例 **2400m離れたAB間を、行きはAから分速40mで、帰りはBから分速60mで往復しました。平均の速さは分速何mですか。**

答え (平均の速さ)＝(往復の距離)÷(往復にかかる時間)で求めます。
行きにかかる時間は　2400÷40＝60分
帰りにかかる時間は　2400÷60＝40分　よって、往復にかかる時間は100分です。
往復の距離は　2400×2＝4800m　ですから、
平均の速さは　4800÷100＝48　分速48m　となります。

※(40＋60)÷2＝50のように、「速さ」そのものを平均してはいけません。

出る順 3 位　速さに関する問題

【必ず覚えておきたい解法④】

川やエスカレーターを上り下りする問題（流水算）

⇒川の流れやエスカレーターの進む向きと

①同じ方向に進む速さ＝
船や人だけの速さ＋川やエスカレーターの速さ

②逆の方向に進む速さ＝
船や人だけの速さ－川やエスカレーターの速さ

例題 1 ★☆☆

同じ速さで流れている川を、ある船が30㎞上るのに3時間、60㎞下るのに4時間かかりました。この船の静水時の速さと川の流速を求めなさい。

解き方

川やエスカレーターを上り下りする問題では、まず、「同じ方向か逆の方向に進む速さ」「船や人だけの速さ（＝静水時の速さ）」「川やエスカレーターの速さ（＝流速）」を求めます。

この問題では、上りと下りの速さを求めます。
上り（流れの進みと逆の方向に進む）の速さは　30÷3＝10……時速10㎞
下り（流れの進みと同じ方向に進む）の速さは　60÷4＝15……時速15㎞
時速10㎞＝船だけの速さ－川の速さ
時速15㎞＝船だけの速さ＋川の速さ
ですから、右図より
川の流速は
（15－10）÷2＝2.5　時速2.5㎞
この船の静水時の速さは
15－2.5＝12.5　時速12.5㎞

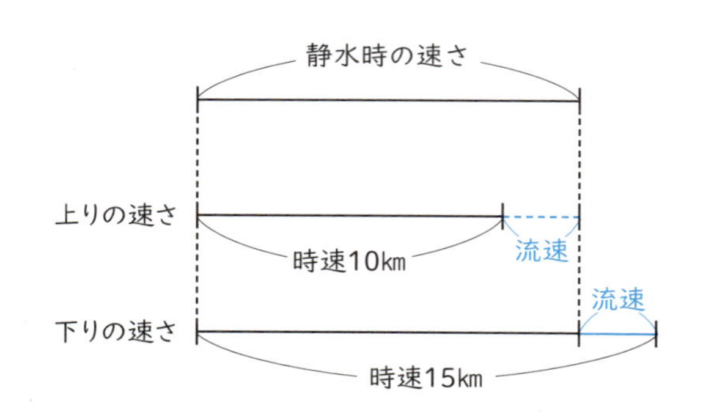

例題2 ★★★

あるエスカレーターで1階から2階まで上るとき、立ち止まったまま乗っていると28秒かかり、毎秒2段ずつ上っていくと12秒かかります。このエスカレーターは1階から2階まで何段ありますか。

解き方

エスカレーターの段数は一定ですから段数を距離と考えて①、
エスカレーターの速さを㋓、人が上る速さを㊅として考えます。

立ち止まったままで28秒かかりますから、㋓＝①÷28＝$\frac{1}{28}$
毎秒2段ずつ上っていくと12秒かかるので、
同じ方向に進む速さは、①÷12＝$\frac{1}{12}$
これは、**人だけの速さ＋エスカレーターの速さ**だから、㊅＋㋓＝$\frac{1}{12}$
よって、速さの比は㋓：㊅＋㋓＝$\frac{1}{28}$：$\frac{1}{12}$＝3：7
ここから、㊅の速さは7−3＝4となり、㋓：㊅＝3：4 となります。

よって、右の図のように
エスカレーターで上った：人で上った
段数の比も3：4となります。
毎秒2段ずつ上った12秒間で考えると、
人は12×2＝24段上ったことになります。
この24段が **比の4** にあたります
から、**比の1** は　24÷4＝6段です。
よって、**比の3** は6×3＝18段となり、
1階から2階までは
24＋18＝42段となります。

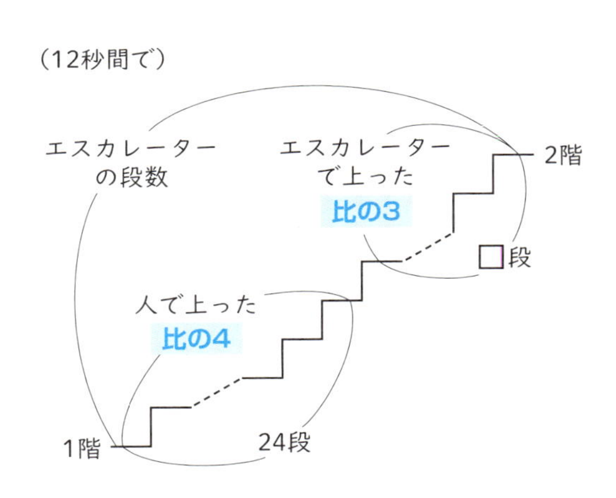

これも覚えよう！

[例題2]のように、時速や分速、秒速といった具体的な速さが求められない場合は「比」を使うと、それぞれの速さを簡単にあらわすことができます。

出る順 3 位　速さに関する問題

[解法別] 間違えやすい必修問題

1 [解法①]を使う問題 ★☆☆

Aさんが家を出発してから12分後にお母さんが家を出てAさんを追いかけました。Aさんの分速は60m、お母さんの分速は140mとすると、お母さんは何分後にAさんに追いつきますか。

2 [解法①]を使う問題 ★☆☆

Aさんが分速60mで歩き始めてから15分後にBさんがAさんを追いかけました。すると、25分後に追いついたといいます。Bさんの分速を求めなさい。

3 [解法②]を使う問題 ★☆☆

AとBが同じ場所から同時に池のまわりを進みます。同じ向きに進むと30分後にAはBに追いつき、反対方向に進むと6分後に出会います。Aがこの池を1周するのに、何分かかりますか。

4 [解法③]を使う問題 ★★☆

1200m離れた家と公園の間を、Aは家から分速65mで、Bは公園から分速55mで同時に出発して何度も往復します。Aがはじめて Bに追いつくまで、2人は何回すれちがいましたか。

5 [解法④]を使う問題 ★★☆

一定の速さで進む船で45kmはなれた川のAB間を往復しました。上りは5時間かかりましたが、流速が2倍になっていたので下りは3時間かかりました。上りのときの川の流速と、この船の静水時の速さはそれぞれ毎時何kmですか。

6 [解法④]を使う問題 ★★★

AB間を結ぶ動く歩道があります。立ち止まったままAからBに行くと42秒かかりますが、毎秒1歩ずつ前に進みながらAからBに行くと24秒かかります。この歩道を毎秒2歩ずつ歩くとすると、AからBに何秒で着きますか。

解答&解説

1 12分後の2人の**へだたり**は60×12＝720m。

よって、720÷(140－60)＝9　　　<u>9分後</u>

2 15分後の2人の**へだたり**は60×15＝900m。

Bさんの分速を□mとすると、

900÷(□－60)＝25

□－60＝36

□＝96

よって、<u>分速96m</u>

［別解］

BさんがAさんに追いついたとき、Aさんの進んだ距離は60×(15＋25)＝2400m

この距離をBさんは25分で進んだので、2400÷25＝96　よって、<u>分速96m</u>

3 池1周の距離を1とすると、

Aの速さ－Bの速さ＝1÷30＝$\frac{1}{30}$　　**Aの速さ＋Bの速さ**＝1÷6＝$\frac{1}{6}$です。

速さの和と差がわかっているので、「和差算」(大きいほうの数＝(和＋差)÷２)を使って、

Aの速さ＝$(\frac{1}{6}+\frac{1}{30})\div 2=\frac{1}{10}$

よって、Aが池を1周するのにかかる時間は　$1\div\frac{1}{10}=10$　<u>10分</u>

4 AがはじめてBに追いつくのは、**家と公園のへだたりぶん、AがBよりよけいに進んだとき**ですから、1200÷(65－55)＝120分後です。

また、AとBがはじめてすれ違うのは、1回目に出会うのと同じことですから、へだたりは1200mです。1200÷(65＋55)＝10分後にはじめてすれちがいます。

2回目以降のすれちがいは、それぞれのへだたりが1200×2＝2400mになりますから、2400÷(65＋55)＝20分ごとです。

よって、AとBがすれちがうのは10分後、30分後、50分後、70分後、90分後、110分後、130分後……となります。
AがはじめてBに追いつくのは120分後なので、10分後、30分後、50分後、70分後、90分後、110分後の6回

5 上りの速さは、45÷5＝9(km/時)、下りの速さは、45÷3＝15(km/時)です。
また、
上りの速さ＝船だけの速さ－川の速さ
下りの速さ＝船だけの速さ＋川の速さ
ですから、
上りのときの川の速さを①として、
線分図であらわします。
時速9kmと時速15kmの差が①＋②
となりますから、
①は(15－9)÷(1＋2)＝2
よって、上りの流速は時速2km
また、静水時の速さは
9＋2＝11　より時速11km

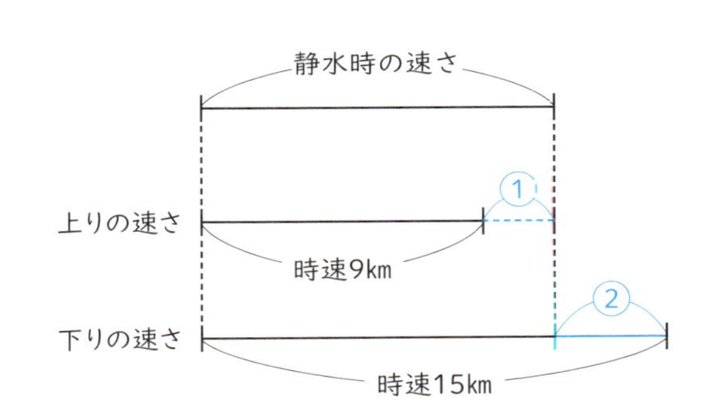

6 動く歩道の距離は一定ですから、その距離を①、動く歩道の速さを㊤道、
毎秒1歩で人の歩く速さを(1歩)とします。
動く歩道の速さは(道)＝①÷42＝$\left(\frac{1}{42}\right)$、
同じ方向に進む速さ＝人だけの速さ＋動く歩道の速さより、
(1歩)＋(道)＝①÷24＝$\left(\frac{1}{24}\right)$となります。
速さの比は　(道)：(1歩)＋(道)＝$\left(\frac{1}{42}\right)$：$\left(\frac{1}{24}\right)$＝4：7ですから、
(1歩)の速さは7－4＝3となり、(道)：(1歩)＝4：3。
ここで、動く歩道の距離を比であらわすと、立ち止まったままで42秒ですから
4×42＝168。また、毎秒2歩で歩く速さは、(1歩)の2倍ですから3×2＝6、
動く歩道の速さは4です。
よって、168÷(4＋6)＝16.8　16.8秒

出る順1位〜3位　まとめ問題

〜自分でどの解法になるかを考えてから解いてみよう〜

1 ★★☆

現在、父は子の年令の4倍ですが、6年後には父は子の年令の3倍になります。現在の父の年令を求めなさい。

2 ★★☆

母からもらった3000円を兄と弟の2人でわけて、兄は所持金の$\frac{2}{5}$、弟は所持金の$\frac{1}{3}$をあわせて1120円の本を買いました。兄がもらった金額を求めなさい。

3 ★☆☆

右の図は、1辺が8㎝の正方形に円をピッタリ重ね合わせた図形です。斜線部の面積を求めなさい。

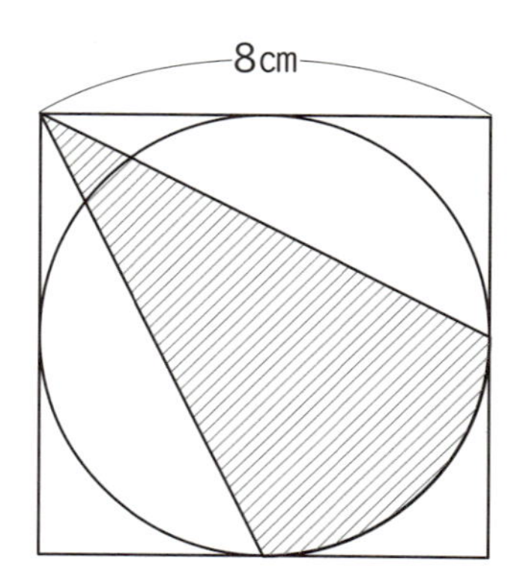

4 ★☆☆

右の図で、ABとCDは平行です。
斜線部の面積を求めなさい。
ただし、円周率は3.14とします。

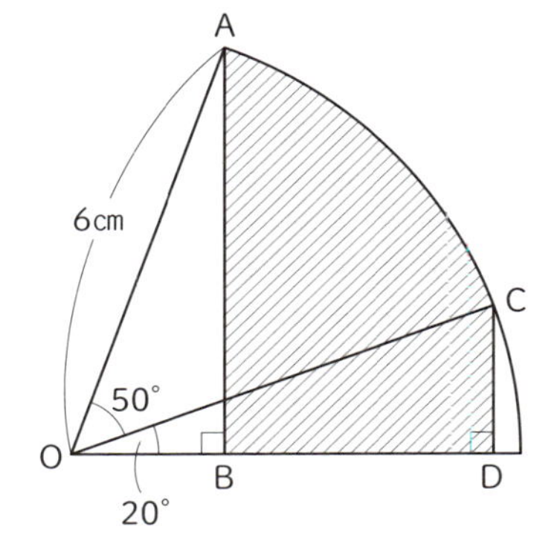

5 ★☆☆

1300mはなれたAB間を、兄と弟が何回も往復します。兄は分速70mでAを、弟は分速60mでBを、同時に出発しました。2人が2回目に出会うのは何分後ですか。また、兄が弟にはじめて追いつくのは何分後ですか。

6 ★☆☆

ある川の30kmはなれたAB間を船で往復したところ、下るときの速さは上るときの速さの1.5倍になりました。流速が時速3kmのとき、往復するのにかかる時間を求めなさい。

1 **同じ大きさ(年令)が増えますから、「大きさの差÷(AとBの差)で比の①にあたる量を求める」のパターンを使います。ただし、現在の年令と6年後の年令の2つの比が出てきますので、まずは「最初の比」におきかえます。**

右の図のように、③が[2]にあたっていますから、[1]は(1.5)です。
父に注目すると、[3]は(4.5)ですから、
6÷(4.5−4)=12……①にあたる。
よって、現在の父は12×4=48才

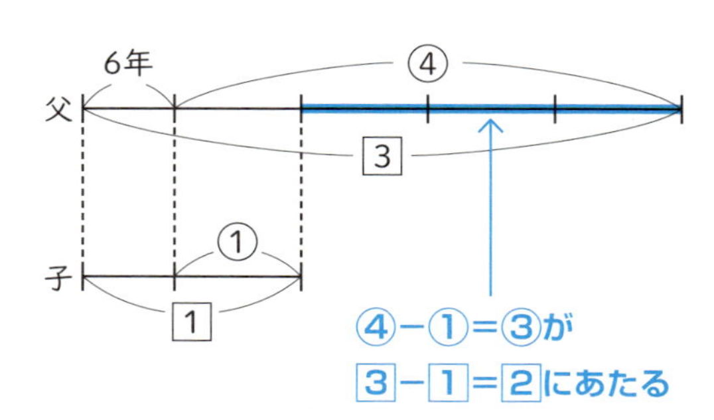

2 **兄と弟の割合がべつべつに変わって、和がわかっている問題ですから、面積図を使って、一方の割合にそろえます。**

右の面積図より、
青の斜線部のたては$\frac{2}{5}-\frac{1}{3}=\frac{1}{15}$
面積は$3000\times\frac{2}{5}-1120=80$
よって、弟は$80\div\frac{1}{15}=1200$円
兄がもらった金額は3000−1200=1800円

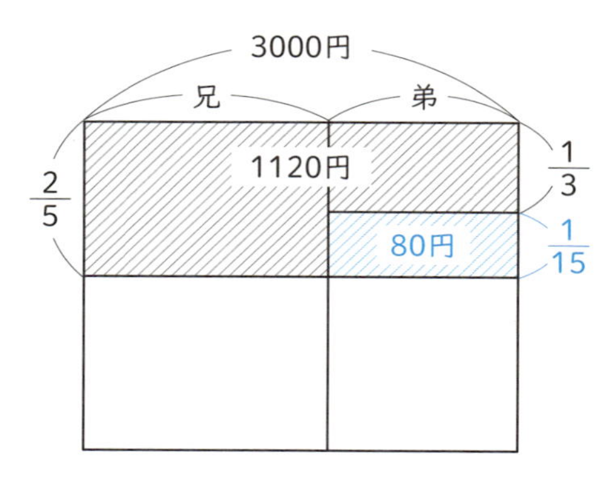

3 右の図のように、**円の「中心O」を通る補助線を引きます。**
すると、2つの合同な三角形と四分円という**「基本図形」にわけられます。**
それぞれの三角形は底辺4cm、高さ4cm、四分円の半径は4cmです。
よって、
4×4÷2×2+4×4×3.14÷4=28.56cm²

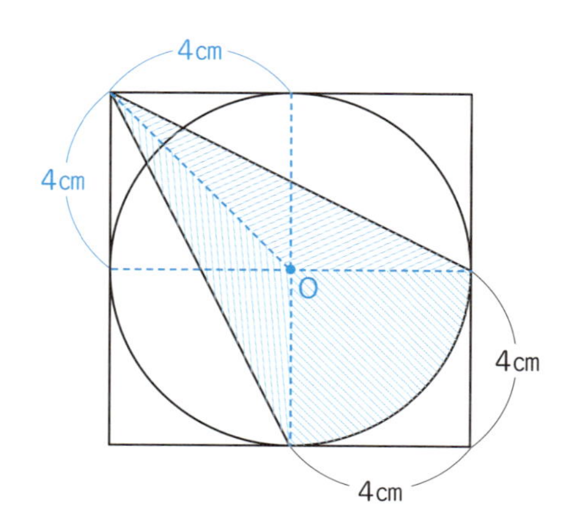

4 重なりをふくめて基本図形にします。

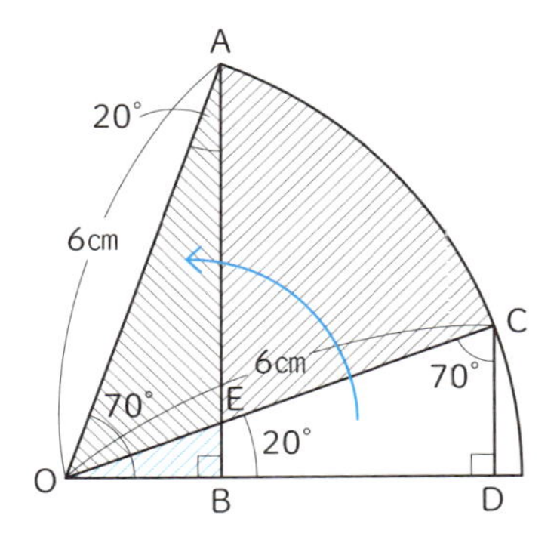

三角形AOBと三角形OCDは、2つの角がそれぞれ20度、70度、また、斜辺の長さがいずれも6cmなので、合同な直角三角形です。
2つの直角三角形の面積が等しく、青の斜線部が重なりなので、
三角形AOEと台形CEBDは等しい面積です。
図形をまとめると、斜線部の面積はおうぎ形AOCの面積と等しくなります。

よって、$6\times6\times3.14\times\frac{50}{360}=$ 15.7㎠

5 2回目に出会うまでのへだたりは、AB間のへだたりの3倍です。

1300×3÷(70＋60)＝30分後
また、兄が弟にはじめて追いつくには、兄は弟よりもAB間のへだたりぶん、よけいに進めばよいので、
1300÷(70－60)＝130分後

6 上りの速さ＝船だけの速さ－川の速さ
下りの速さ＝船だけの速さ＋川の速さ

ですから、上るときの速さを①として、
川の流れの速さ、上りと下りの速さを線分図であらわします。

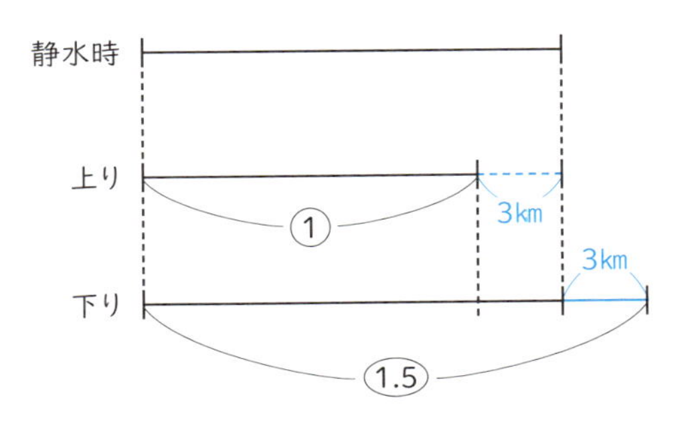

3km＋3km＝6kmが(1.5)－①＝(0.5)にあたっているから、
(3＋3)÷(1.5－1)＝12……①
よって、上りは時速12km、
下りは時速12×1.5＝18kmより、
$30\div12+30\div18=4\frac{1}{6}$(時間)
より、4時間10分

[コラム]
絶対に覚えたい、分数計算の知識①

[繁分数と部分分数分解]

【繁分数】

繁分数とは右のような、分母や分子が分数であらわされている分数のことです。
ふつうの分数計算と形が違うので戸惑うかもしれませんが、

① $\dfrac{6}{\dfrac{2}{5}}$　② $\dfrac{1}{1+\dfrac{1}{3}}$

$\dfrac{A}{B}=A\div B$ ということがわかっていれば、以下のように解けます。

① $\dfrac{6}{\dfrac{2}{5}}=6\div\dfrac{2}{5}$

$=\underline{15}$

② $\dfrac{1}{1+\dfrac{1}{3}}=1\div\left(1+\dfrac{1}{3}\right)$

$=1\div\dfrac{4}{3}$

$=\underline{\dfrac{3}{4}}$

【部分分数分解】

右のような分数の性質を使って、次の問題を解いていきます。

$\dfrac{1}{2\times3}=\dfrac{1}{2}-\dfrac{1}{3}$

① $\dfrac{1}{1\times2}+\dfrac{1}{2\times3}+\dfrac{1}{3\times4}+\dfrac{1}{4\times5}+\dfrac{1}{5\times6}$

② $\dfrac{1}{2}+\dfrac{1}{6}+\dfrac{1}{12}+\dfrac{1}{20}+\dfrac{1}{30}$

②の式は、①の式の分母を計算したものです。いずれも、

$\left(\dfrac{1}{1}-\dfrac{1}{2}\right)+\left(\dfrac{1}{2}-\dfrac{1}{3}\right)+\left(\dfrac{1}{3}-\dfrac{1}{4}\right)+\left(\dfrac{1}{4}-\dfrac{1}{5}\right)+\left(\dfrac{1}{5}-\dfrac{1}{6}\right)$のように

書きかえることができます。

これを計算すると、

$\left(\dfrac{1}{1}\underbrace{-\dfrac{1}{2}\right)+\left(\dfrac{1}{2}}_{0}\underbrace{-\dfrac{1}{3}\right)+\left(\dfrac{1}{3}}_{0}\underbrace{-\dfrac{1}{4}\right)+\left(\dfrac{1}{4}}_{0}\underbrace{-\dfrac{1}{5}\right)+\left(\dfrac{1}{5}}_{0}-\dfrac{1}{6}\right)$

$=\dfrac{1}{1}-\dfrac{1}{6}$

$=\underline{\dfrac{5}{6}}$

パート2
ライバルとグンと差がつく！ 5つの重要分野 【出る順4位～8位】

算数で合格ラインを突破したいなら確実に正解すべき「5つの重要分野」、すなわち**「平面図形の角」「規則性」「立体図形の表面積と体積」「和と差」「図形の移動」**を15のパターンにわけて学習します。

これらの分野から出題される一行問題は、いずれも解き方がつかみにくいという特性があります。また、**「適切な解法」**を知らないと、解くのによけいな時間がかかってしまうことも多いものです。

つまり、このパートで学習するパターンは、**他の受験生に差をつけて、合格ラインを一気に超えるための問題ばかり**だということです。

そこで、パート2では特に徹底して「どのパターンの問題なのか」をしっかりとつかむようにして、そのうえで、「適切な解法」のあてはめ方を覚えてください。

また、**［こんな問題に注意!］［これも覚えよう!］**では、パターンを少しひねった形のものも提示していますので、ここでも「どのパターンの問題なのか」をつかむことがポイントになります。

このパートまでをすべてマスターできれば、一行問題の8割～9割は正解できるようになるはずです。

気を引き締めて取り組んでください。

出る順 4 位 平面図形の角に関する問題

【必ず覚えておきたい解法①】

「三角形の内角の和」が直接、使えない問題（三角形の内角と外角）

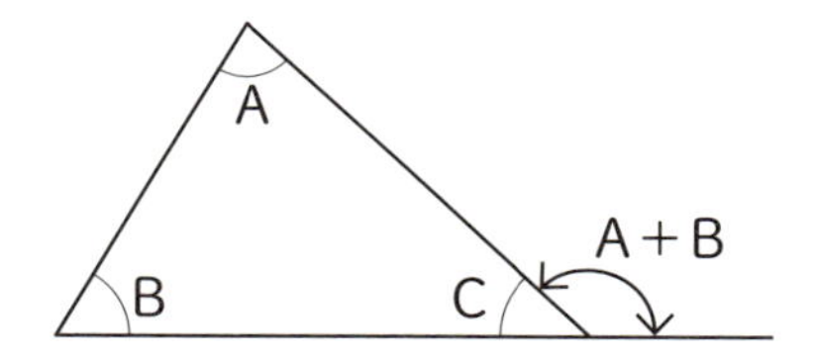

⇒三角形の外角は、それと隣り合わない2つの内角の和に等しい

例題1 ★★★

右の図で、角Aから角Eの角の大きさの和を求めなさい。

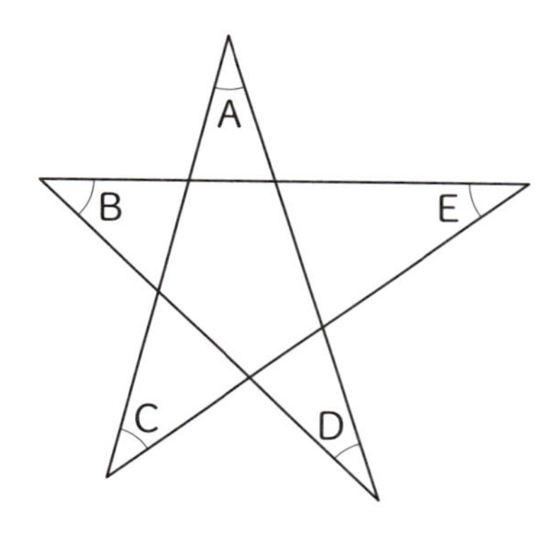

解き方

右の図のように、角Aと角Cの和を○、角Bと角Dの和を□とすると、斜線部の三角形の内角の和が、角Aから角Eの角の大きさの和に等しいことがわかります。

よって、180度

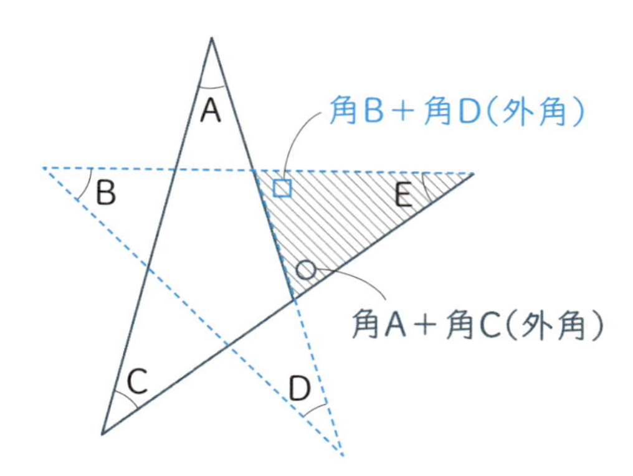

例題2 ★☆☆

右の図で三角形OABは
OA＝OBの二等辺三角形です。
OC＝CD＝DE＝EB＝BAのとき、
角AOBの大きさを求めなさい。

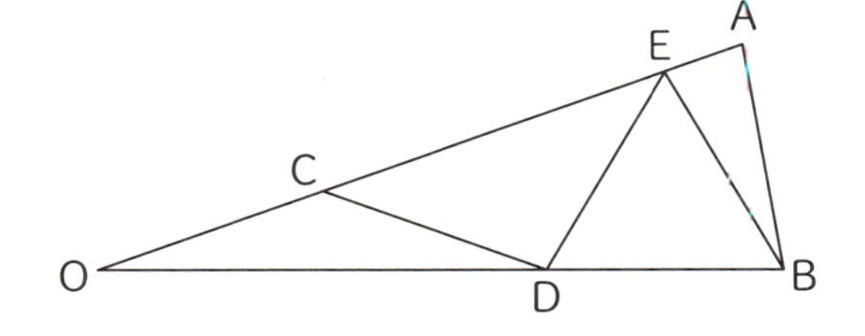

解き方

三角形COD、三角形ECD、
三角形EDB、三角形AEBはすべて
二等辺三角形ですから、それぞれの
三角形の底角は等しくなります。
角CODの大きさを①とすると、
それぞれの角の大きさは右の図の
ようになります。
三角形OABはOA＝OBの
二等辺三角形ですから、まとめると
右下のような図になります。内角の和
180度が⑨にあたっていますから、
①は　180÷(1＋4＋4)＝20
よって、20度

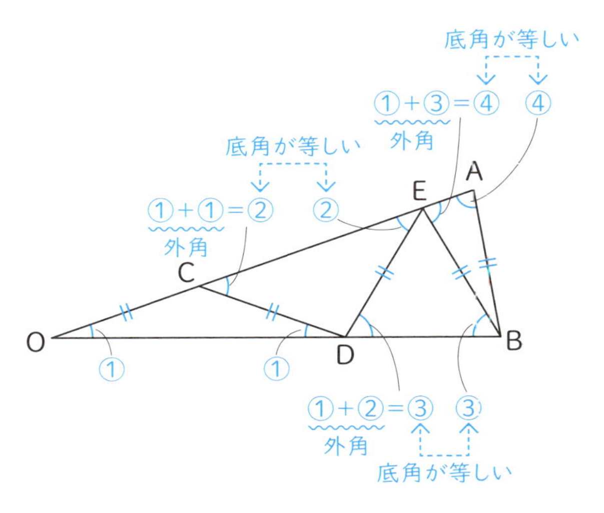

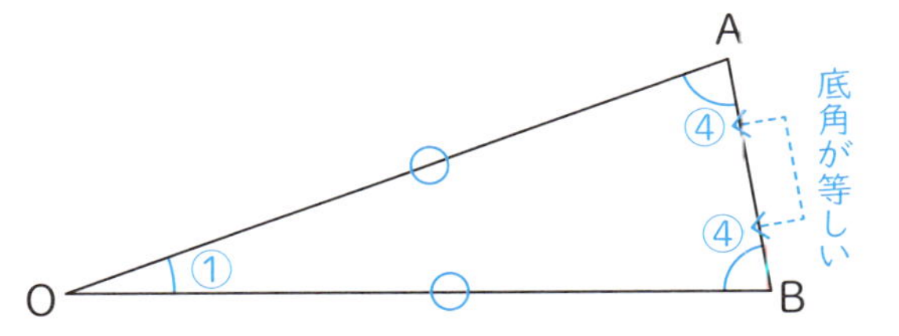

こんな問題に注意！

例 右の図で、同じ印のついた角の大きさが
等しいとき、角xの大きさを求めなさい。

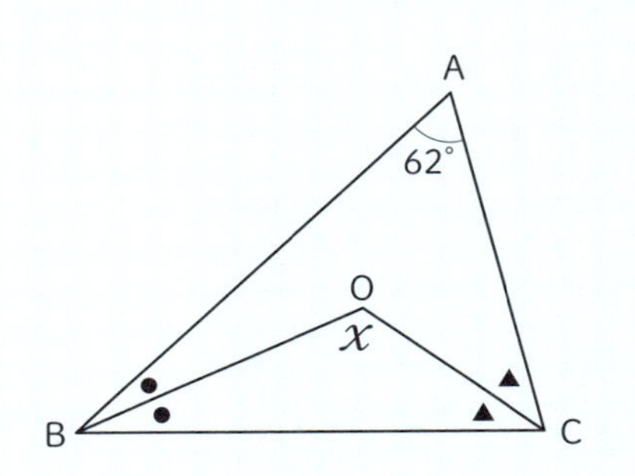

答え 三角形の内角の和は180度ですから、
三角形ABCで、
●＋●＋▲＋▲＝180－62＝118度
よって、●＋▲＝118÷2＝59度
三角形OBCの内角の和も180度なので　180－59＝121　121度

出る順 4 位　平面図形の角に関する問題

【必ず覚えておきたい解法②】

弧の両はじと円周上の1点を結んでできる角の問題 (円と角)

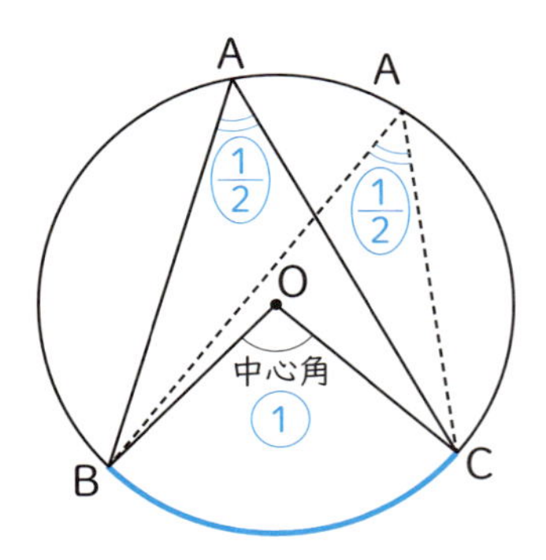

⇒角BACは、いつも中心角の大きさの$\frac{1}{2}$になる

例題 1 ★☆☆

右の図は、点Oを中心とする円です。
角xの大きさを求めなさい。

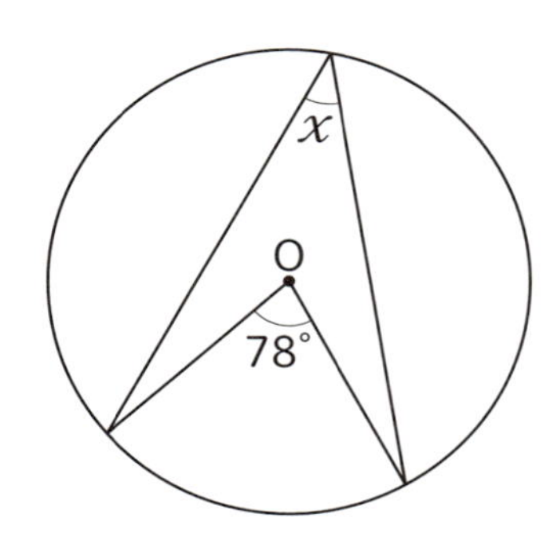

解き方

角xは中心角の$\frac{1}{2}$ですから、

$78\times\frac{1}{2}=39$　39度

右の図のように、
Aから中心Oを通る補助線を引くと、
角BAC（角x）は●＋▲
角BOCは●＋●＋▲＋▲
となって、
中心角の$\frac{1}{2}$になっていることがわかります。

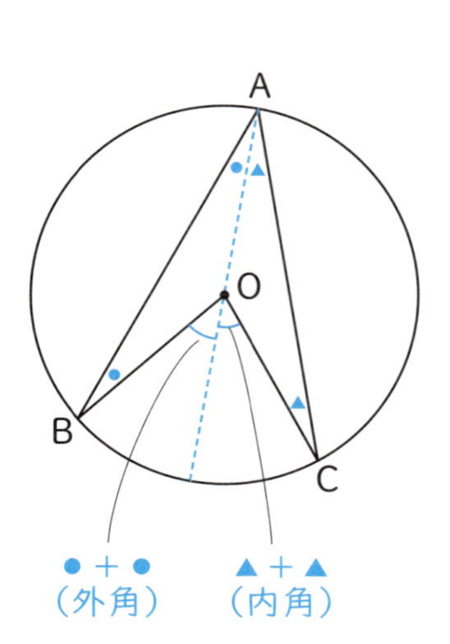

例題２ ★☆☆

右の図は、点Oを中心とする円です。
角xの大きさを求めなさい。

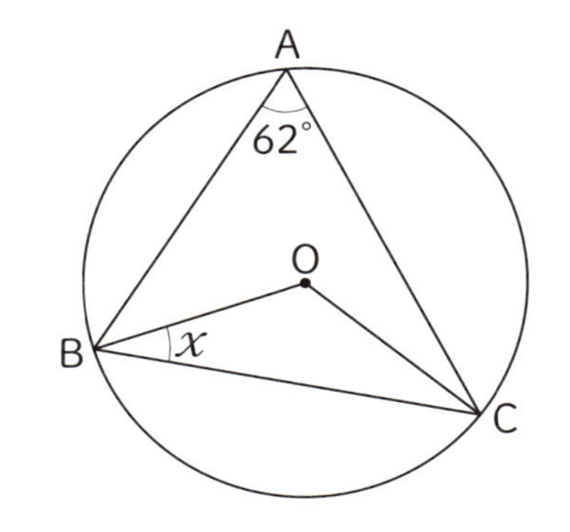

解き方

角BOCの$\frac{1}{2}$の角の大きさが
角BACだから、
角BOC＝62×2＝124度
また、
三角形OBCは二等辺三角形だから、
底角は（180－124）÷2＝28　よって、28度

これも覚えよう！

三角形の内角・外角・円周角のほかに、角度に特別な関係のある形があるので覚えておきましょう。

［ちょうちょ型］

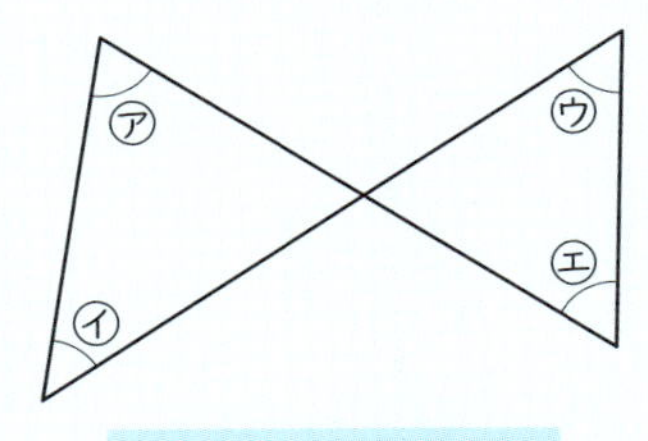

㋐＋㋑＝㋒＋㋓

［ブーメラン型］

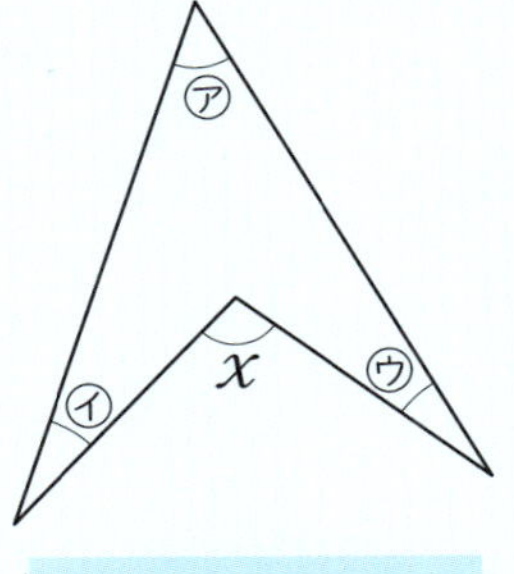

x＝㋐＋㋑＋㋒

［円の直径と角］

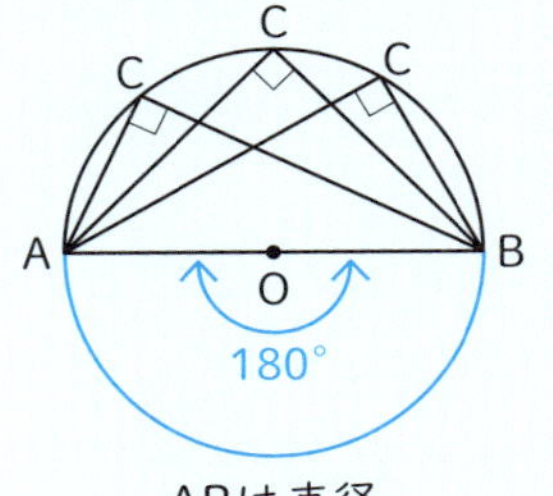

ABは直径

角Cはいつも直角

出る順 4 位　平面図形の角に関する問題

【必ず覚えておきたい解法③】

図形を折り返す問題（線対称の性質）

⇒折り返した部分が合同
（形も大きさも同じ図形）

例題 1 ★☆☆

右の図は、長方形ABCDの
頂点Cが頂点Aに重なるように
折り返したものです。
アとイの角の大きさを求めなさい。

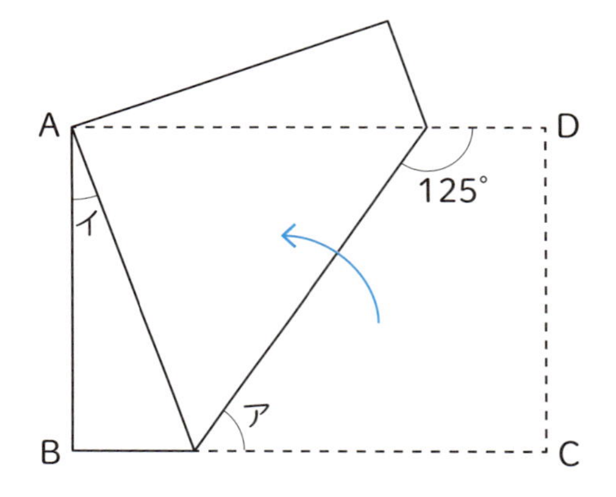

解き方

長方形ですから、ADとBCは平行です。
角AEF＝180－125＝55度です。
錯角が等しいので、アの角は55度です。
また、**もとの台形EFCDと**
折り返した台形EFAC'とは合同です。
アが55度ですから、角AFEも55度、
角AFBは180－55×2＝70度です。
よって、
イの角は180－(90＋70)＝20度

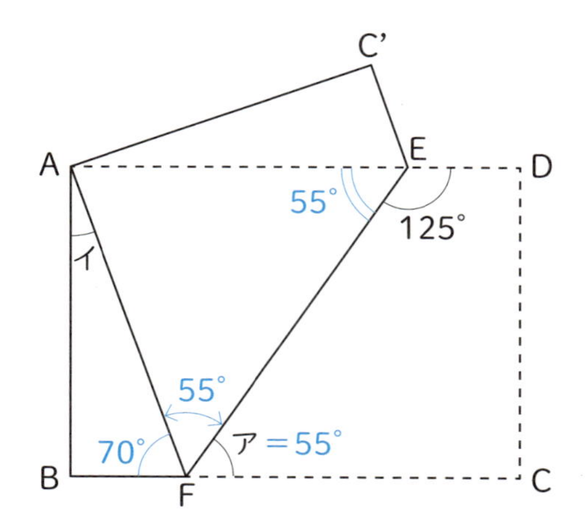

例題２ ★

右の図は、おうぎ形OABの頂点Oが弧AB上に重なるように折り返したものです。角xの大きさを求めなさい。

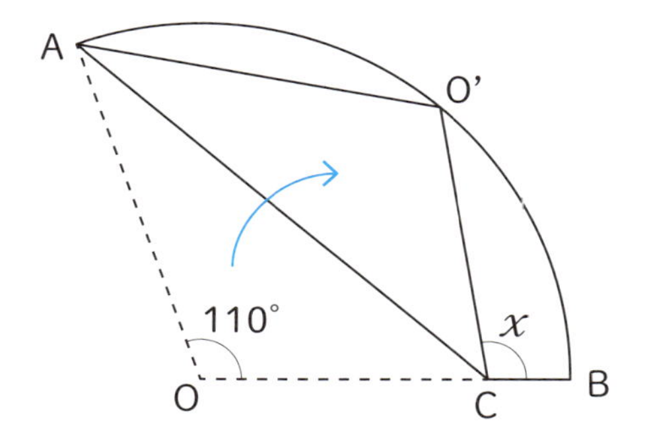

解き方

中心OとO'を結ぶ補助線を引きます。

右の図で、三角形AOCと三角形AO'Cは**折り返した部分が合同**ですから、

OA＝O'Aです。

また、OAとOO'はいずれも半径ですから

OA＝OO'となって、三角形AOO'は

正三角形だとわかります。

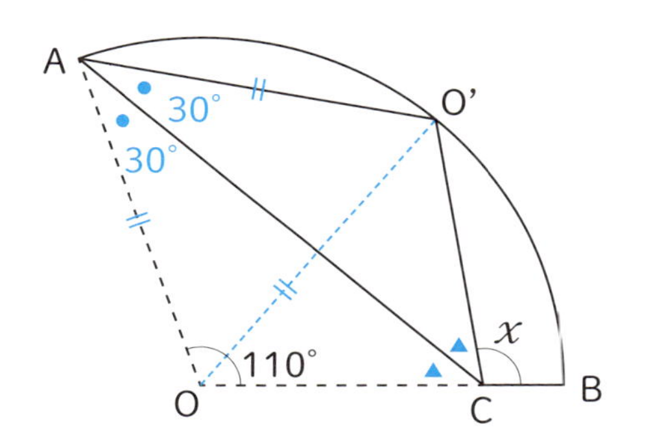

よって、●は60÷2＝30度です。

また、三角形AOC、三角形AO'Cの

どちらで考えても

▲は180－(110＋30)＝40度となります。

よって、x＝180－40×2＝100度

これも覚えよう！

折り返した部分が合同なのは、折り目を対称の軸として「**線対称**」に移動したからです。

右の図のように、線対称な図形は

対応する点を結んだ直線を対称の軸が

垂直に2等分します。

［例題２］では、ACとOO'が垂直になっています。

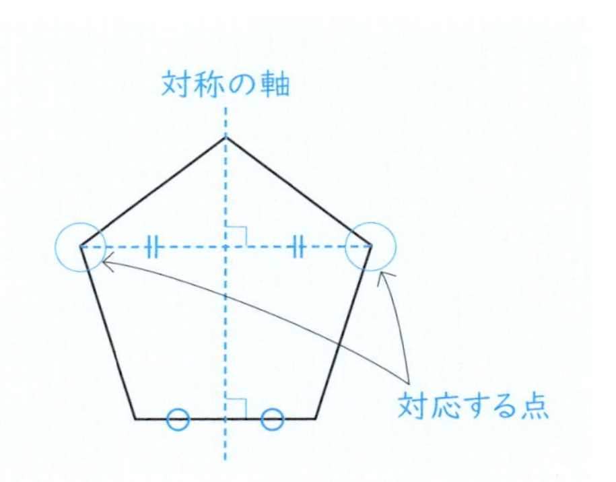

[解法別] 間違えやすい必修問題

1 [解法①]を使う問題 ★☆☆

右の図で三角形ABCは
AB＝ACの二等辺三角形です。
AD＝DE＝EF＝FBのとき、
角xの大きさを求めなさい。

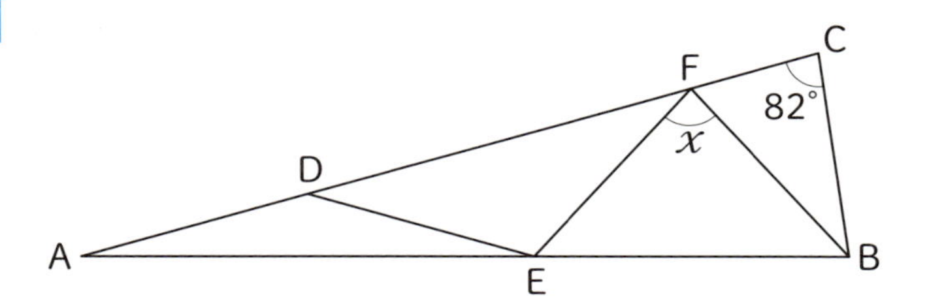

2 [解法②]を使う問題 ★☆☆

右の図で点A、B、Cは円周上の点です。
また、点Oは円の中心です。
角xの大きさを求めなさい。

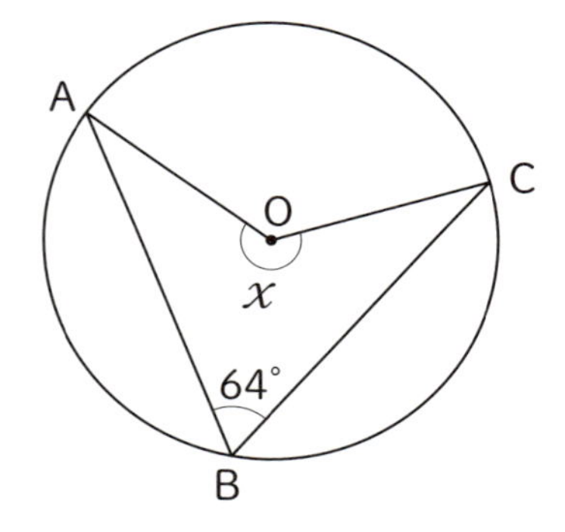

3 [解法③]を使う問題 ★☆☆

右の図は、おうぎ形OABの頂点Oが
弧AB上に重なるように折り返した
ものです。角xの大きさを求めなさい。

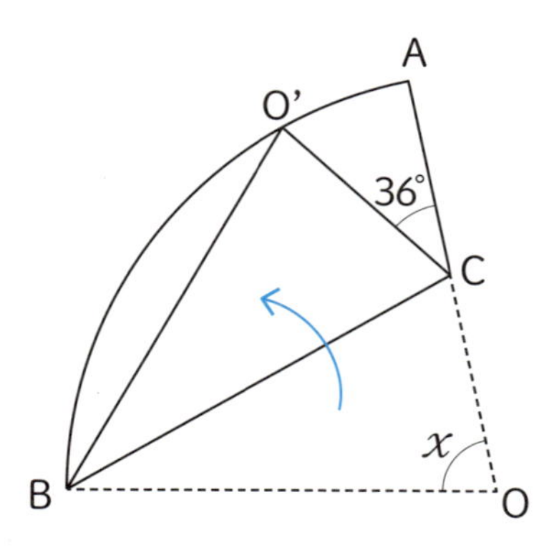

解答&解説

1 三角形ABCは二等辺三角形なので、
角ABCも82度。
よって、角CABは180－82×2＝16度。
右の図のように、
①、②の順に
外角の性質を使って
角度を求めます。
よって、
x＝180－48×2＝84度

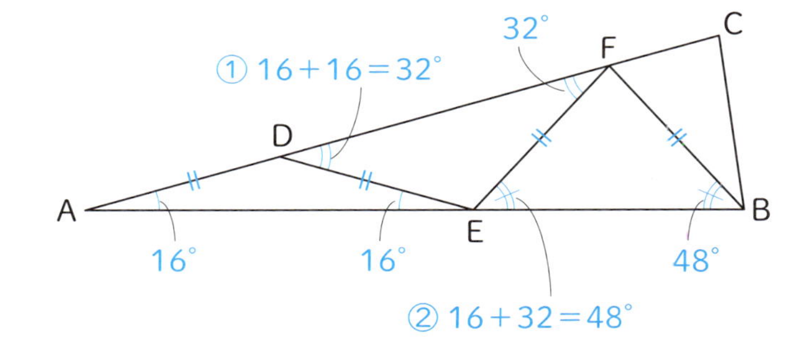

2 **角AOCの$\frac{1}{2}$の角の大きさが角ABC**だから、
角AOC＝64×2＝128度
角x＝360－128＝232度

3 **中心OとO'を結ぶ補助線を引きます。**
右の図で、三角形CBOと三角形CBO'は
折り返した部分が合同ですから、
OB＝O'Bです。
また、OBとOO'はいずれも半径ですから
OB＝OO'となって、三角形BOO'は
正三角形だとわかります。
よって、角O'OB＝60度
また、
折り返した部分が合同ですから、
CO＝CO'となり、三角形CO'Oは
二等辺三角形となります。外角の性質を
使うと、角O'OC＝36÷2＝18度
よって、60＋18＝78度

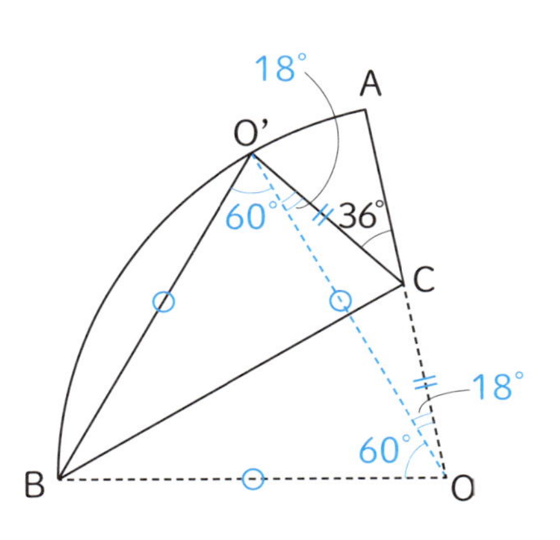

出る順5位　規則性に関する問題

【必ず覚えておきたい解法①】

どんなきまりで並んでいるかを見つける問題
（小数の周期と日暦算）

⇒「周期の最初」と「並び方のくり返し」をつかむ

例題1 ★☆☆

$\frac{7}{13}$を小数に直すとき、小数第40位の数字はいくつですか。

解き方

$\frac{7}{13}$を小数に直すと、7÷13＝0.538461538461……となりますから、
「周期の最初」を小数第１位とすると、「周期の最初」は５で、「並び方のくり返し」は“538461”の６つの数字となります。
小数第40位の数字は、40÷6＝6あまり4　より、“538461”の6つの数字が6周期あって、7周期目の4番目だとわかります。よって、<u>4</u>

例題2 ★☆☆

ある年の7月18日は水曜日でした。この年の5月20日は何曜日でしたか。

解き方

5月20日から7月18日までは、

5月……20日から31日までの12日間

6月……30日間

7月……1日から18日までの18日間ですから、

12＋30＋18＝60日間となります。

7月18日から1日ずつ戻りますから、

「周期の最初」は水曜日で、「並び方のくり返し」は水・火・月・日・土・金・木となります。

60÷7＝8あまり4　よって、9周期目の4番目ですから日曜日

こんな問題に注意！

例 長さ4mの棒を、はしから50cmごとに切っていきます。1回切るのに3分かかり、切り終わったあとは毎回2分休みます。この棒を切り終わるまでに何分かかりますか。

答え 400cm÷50cm＝8　ですから、4mの棒は8本になりますが、棒を切る回数は8－1＝7回です。また、7回目に切り終わったときには休まなくてもよいので、休んだ回数は6回です。

よって、切り終わるまでにかかる時間は、3×7＋2×6＝33　33分

出る順 5 位　規則性に関する問題

【必ず覚えておきたい解法②】

等差数列でない数の並びの問題（階差とN進法の問題）

⇒①「前後の数の差（＝階差）」の規則を見つける
②「使う数」がかぎられているときは「N進法」で考える

例題 1 ★★☆

あるきまりにしたがって、下のように数が並んでいます。
1、2、4、7、11、16 …… 左はしから数えて10番目の数はいくつですか。

解き方

この数列は、数の前と後ろとの差が等しくありませんから、等差数列ではありません。そこで、**「前後の数の差（＝階差）」の規則を見つけます**。

番目	数列	階差	
1	1		
		1	
2	2		1+1
		2	
3	4		1+(1＋2)
		3	
4	7		1+(1＋2＋3)
		4	
5	11		1+(1＋2＋3＋4)
		5	
6	16		1+(1＋2＋3＋4＋5)

上の図のように、階差をたてに書き出すと、1番目の数「1」に、
1、(1+2)、(1+2+3)、(1+2+3+4) ……を加えた数だとわかります。
たとえば、6番目の数は、1＋**(1+2+3+4+5)**＝16と求められます。
10番目の数は1＋**(1+2+……9)**＝1＋45　よって、46

例題2 ★★★

あるホテルでは4と9の数字を使わないようにして、1から続く整数で部屋の番号をあらわしています。たとえば、3号室の次は5号室、18号室の次は20号室のようになっていて、150号室まで部屋があります。このホテルの部屋数を求めなさい。

解き方

0から9まで10個の数字を使って数をあらわす方法を10進法といいます。この問題では、数字の4と9を使わずに、0、1、2、3、5、6、7、8の**8つの数字を使っていますから、「8進法」で部屋の番号をあらわしている**ことがわかります。そこで、このホテルで使っている数字を、8進法の0、1、2、3、4、5、6、7の8つの数字にあてはめてあらわすと、下の図のように変わります。

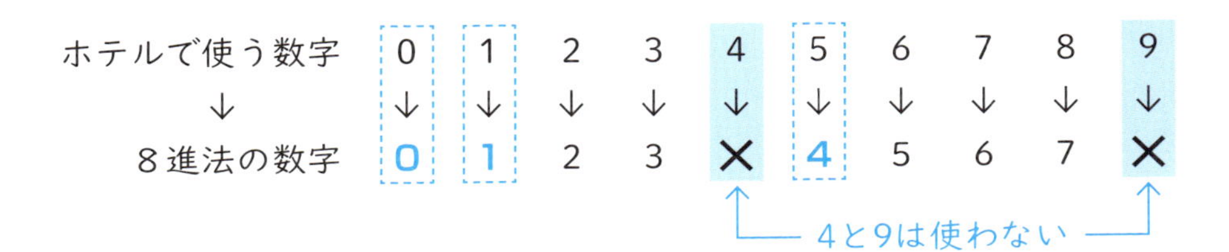

すると、このホテルで使う150は8進法であらわすと**140**です。これを10進法に直すと客室の数と等しくなります。
8進法の位取りは、大きい位から、「8×8の位」「8の位」「1の位」となりますから、
$8\times8\times1+8\times4+1\times0=96$　よって、96室

こんな問題に注意！

例 あるきまりにしたがって、下のように数が並んでいます。
1、$\frac{2}{3}$、$\frac{1}{2}$、$\frac{2}{5}$、$\frac{1}{3}$……
左はしから数えて10番目の数はいくつですか。

答え 「前後の数の差」を順に計算すると、$\frac{1}{3}$、$\frac{1}{6}$、$\frac{1}{10}$、$\frac{1}{15}$となり規則が見つかりません。実は分数を含む数列の場合は、分母や分子をそろえると規則が見えてくることが多いのです。そこで、分子を2にそろえると、$\frac{2}{2}$、$\frac{2}{3}$、$\frac{2}{4}$、$\frac{2}{5}$、$\frac{2}{6}$……となり、分母が「1」ずつ増えていることがわかります。分母の数は、「番目＋1」になっていますから、10番目の分母は$10+1=11$　　よって、$\frac{2}{11}$

出る順 5位 規則性に関する問題

【必ず覚えておきたい解法③】

「組」にわけられる数列の問題

（群数列、もしくは「ひとくくりの組」が規則を持っている問題）

⇒まず「組の先頭の数字」の規則、
次に「組の中の数列」の規則　を考える

例題 1 ★☆☆

下の図のように、あるきまりにしたがって整数が並んでいます。
第20組の左から4番目の数を求めなさい。

第1組	第2組	第3組	第4組	…………
1	2　3	3　4　5	4　5　6　7	……

解き方

まず「組の先頭の数字」の規則を見つけます。上の図より、第N組の先頭の数字はNになります。

次に「組の中の数列」の規則は、はじめの数（＝初項）がN、加える数もしくは引く数（＝公差）が1の等差数列です。

N番目の数は、初項＋公差×（N－1）で求められます。

よって、第20組の先頭の数字は20ですから、初項20、公差1の等差数列の4番目の数を求めればよいことがわかります。

20＋1×（4－1）＝23

例題2 ★★

右の表のように、あるきまりにしたがって整数を並べました。
5行目の5列目の数と7行目の3列目の数を求めなさい。

行＼列	1列	2列	3列	4列	5列	6列
1行	1	3	6	10	15	21
2行	2	5	9	14	20	
3行	4	8	13	19		
4行	7	12	18			
5行	11	17				
6行	16					

解き方

まず「組の先頭の数字」の規則を見つけます。
この場合の先頭とは、各行の1列目の数字です。

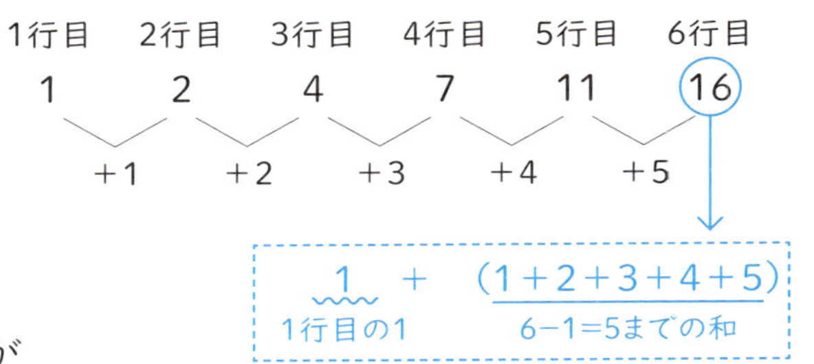

次に「組の中の数列」の規則は、右下の図のように、1列目と2列目の差がN行目のN+1（3行目なら3+1＝4）増えて、さらに1ずつ増えていきます。
5行目なら、6、7、8、9……
7行目なら、8、9、10、11……
となります。
5行目の組の先頭の数字は11だから、
5行目の5列目は11＋(6＋7＋8＋9)＝41
7行目の組の先頭の数字は
1＋(1＋2＋3＋4＋5＋6)＝22だから、
7行目の3列目は、22＋(8＋9)＝39

[組の中の数列の規則]

	1列目	2列目	3列目	4列目
3行目	4	8	13	19
	+4	+5	+6	
4行目	7	12	18	
	+5	+6		
5行目	11	17		
	+6			

これも覚えよう！

右の図のように、点を正三角形の形に並べたときの点の数の和を特に「三角数」といいます。
N番目の三角数は1からNまでの和で求められます。

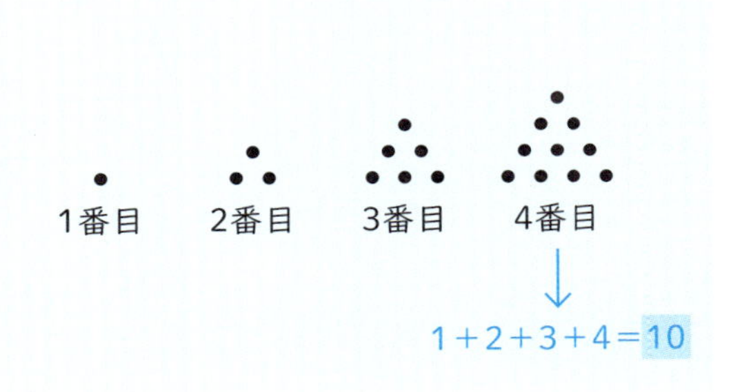

出る順5位　規則性に関する問題

[解法別] 間違えやすい必修問題

1 [解法①]を使う問題 ★☆☆

2を11回かけてできる数の、1の位の数字を求めなさい。

2 [解法②]を使う問題 ★★★

ある病院では、1、2、3、5、6、7、8、9、10、11、12、13、15……のように、4の数字を使わないようにしてベッドの番号をあらわしています。
最後のベッドが297番のとき、この病院のベッドの数を求めなさい。

3 [解法③]を使う問題 ★★☆

下のように、あるきまりにしたがって分数が並んでいるとき、$\frac{13}{15}$は何番目の分数ですか。

$\frac{1}{1}$、$\frac{1}{2}$、$\frac{2}{2}$、$\frac{1}{3}$、$\frac{2}{3}$、$\frac{3}{3}$、$\frac{1}{4}$、$\frac{2}{4}$、$\frac{3}{4}$……

解答&解説

1 2を続けてかけていきます。

2、4、8、16、32、64、128、256……となり、1の位だけの数列にすると、

2、4、8、6、2、4、8……です。**周期の最初は2、並び方は"2、4、8、6"の4個の数字のくり返しとなります。** 11÷4＝2あまり3

よって、8

2 数字の4を使わずに、0、1、2、3、5、6、7、8、9の**9つの数字で順番をあらわしていますから、「9進法」の考え方を使います。** そこで、この病院で使う数字を、小さい順に9進法であらわすと下の図のようになります。

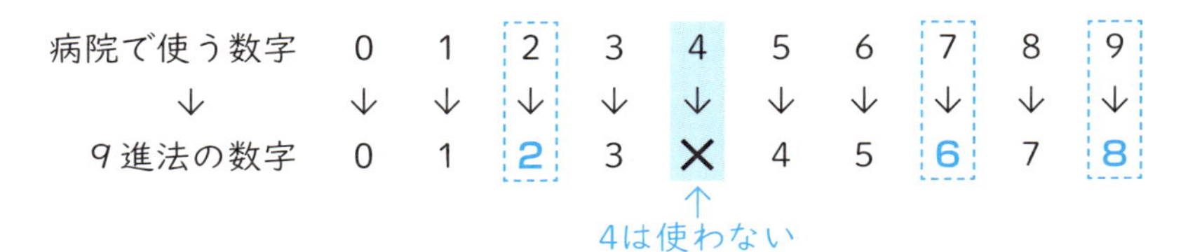

すると、この病院で使う297は9進法の286となります。

これを10進法に直すとベッドの数と等しくなりますから、

9×9×2＋9×8＋1×6＝240

3 組にわけられそうですので、まず**「組の先頭の数字」の規則**を見つけます。

右の図より、

組の先頭の分数の分子は1、

分母はN組のNです。

また、N組にはN個の

分数があります。

	$\frac{1}{1}$	$\frac{1}{2}$ $\frac{2}{2}$	$\frac{1}{3}$ $\frac{2}{3}$ $\frac{3}{3}$	$\frac{1}{4}$ $\frac{2}{4}$ $\frac{3}{4}$	……
［組］	1組	2組	3組	4組	……
［個数］	1個	2個	3個	4個	……

次に「組の中の数列」の規則です。

分母はN組のNと等しく、1組なら1、2組なら2、3組なら3……となっています。

また、分子は3組なら1、2、3のように1からNまで、1ずつ増えていきます。

$\frac{13}{15}$ の分母は15ですから15組、分子は13ですから、この分数は15組の13番目だとわかります。

1からAまでの整数の和は、「(1＋A)×A÷2」で求められますから、14組目の最後の分数は1＋2＋3……＋14＝(1＋14)×14÷2＝105より105番目です。

よって、105＋13＝118番目

出る順 6 位 立体図形の表面積と体積に関する問題

【必ず覚えておきたい解法①】

立体を切断してできた、2つの立体の表面積の差を求める問題（表面積の差の問題）

⇒「切断面の形」は同じなので、「切断面の面積」の差はゼロ

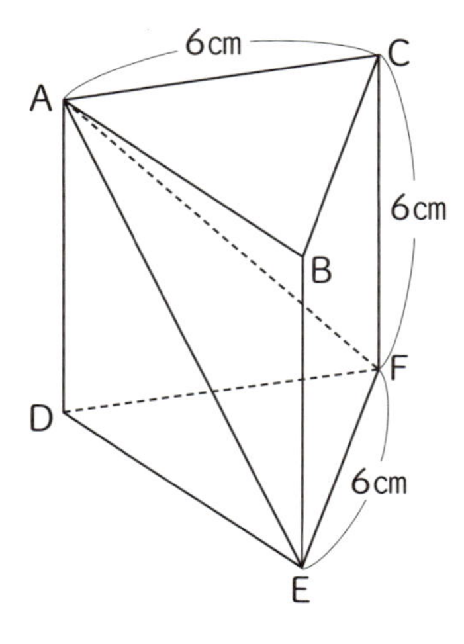

例題 1 ★☆☆

右の図はすべての辺の長さが等しい三角柱です。
この三角柱を3点AEFを通る平面で切って、
2つの立体にわけたときの表面積の差を求めなさい。

解き方

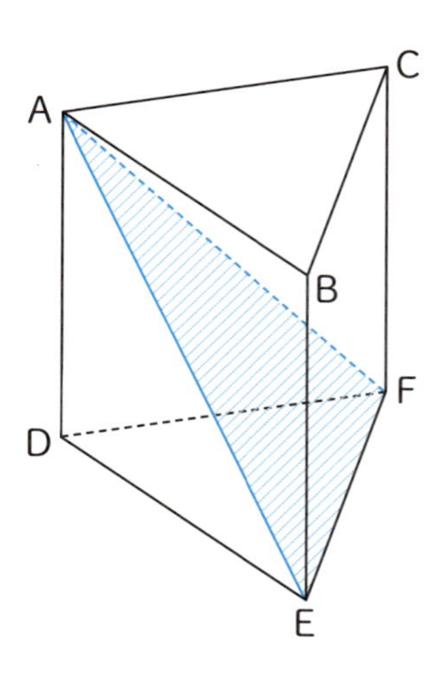

切りわけた右の図で、
斜線部の**「切断面の形」は同じなので、**
「切断面の面積」の差はありません。
また、面ABCと面DEFはそれぞれ合同な
正三角形で、三角形ADEと三角形AEB、
三角形ADFと三角形AFCも
合同な三角形ですから、差はありません。
よって、表面積の差は面BEFCだけですから、
6×6＝36㎠

例題2 ★★★

1辺18cmの立方体を右の図のように
A、B 2つの立体に切りわけました。
AとBの立体の表面積の差を求めなさい。

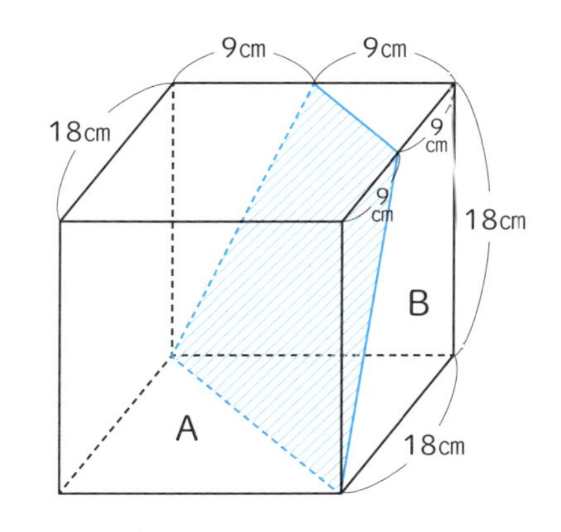

解き方

切りわけた右の図で、斜線部の**「切断面の形」は同じなので、**
「切断面の面積」の差はありません。
そこで、切断面以外の表面積の差を求めます。
Bの切断面以外の表面積は、

9×9÷2＋18×18÷2＋(9＋18)×18÷2×2＝688.5cm²
（上の面）（下の面）（右と奥の面）

です。
Aの切断面以外の表面積は、切りわける前の立方体の表面積からBの切断面以外の表面積を引けばよいですから、
18×18×6＝1944cm²……立方体の表面積
1944－688.5＝1255.5cm²……Aの切断面以外の表面積
よって、差は1255.5－688.5＝567cm²

これも覚えよう！

例 下の図のように立方体を2つの中点を通る平面で切りわけると、切り口は展開図の斜線部のようになります。

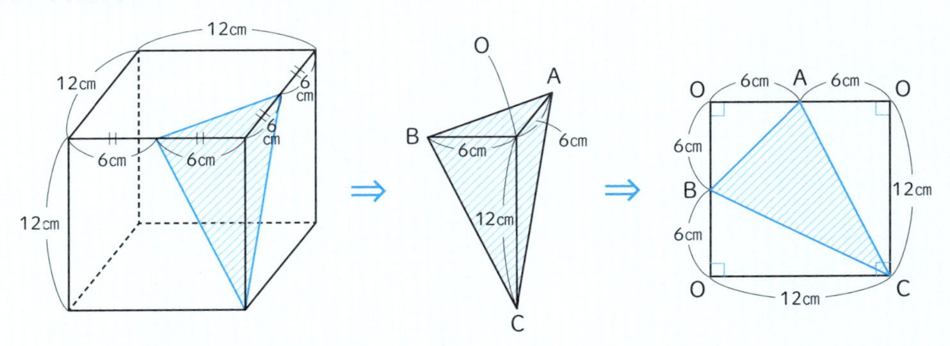

切り口の面積は12×12－(6×6÷2＋6×12÷2×2)＝54cm²

出る順 6 位 立体図形の表面積と体積に関する問題

【必ず覚えておきたい解法②】

立体にひもをはって、ひもがもっとも短くなる問題（展開図）

⇒展開図上で「直線」になると最短距離

例題 1 ★★★

右の図のような円すいがあります。
この円すいの底面の周上の点Aから側面を一周するように、ひもをピンとはりました。
ひもの長さがもっとも短くなるとき、ひもの長さを求めなさい。

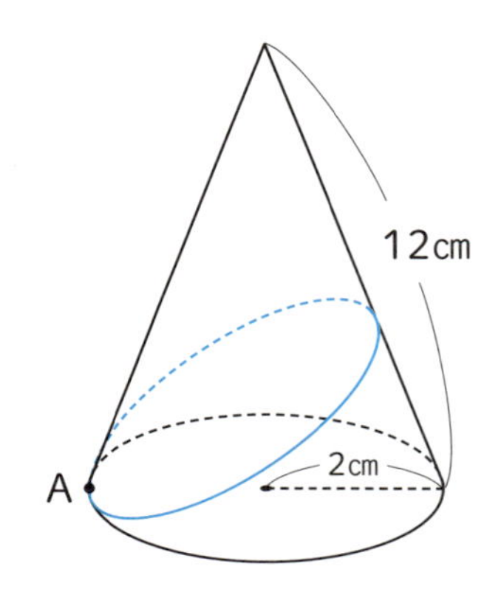

解き方

円すいの展開図を書きます。
おうぎ形の中心角は
$360 \times \frac{2}{12} = 60$度となりますから、
三角形OAA'は正三角形です。
展開図上で「直線」のときが最短距離ですから、
ひもの長さは
AA'と等しくなります。
よって、12cm

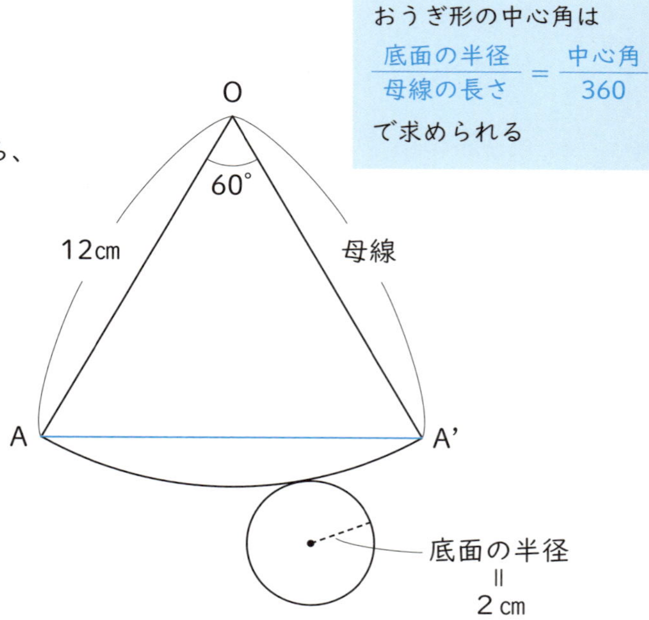

おうぎ形の中心角は

$$\frac{底面の半径}{母線の長さ} = \frac{中心角}{360}$$

で求められる

例題2 ★

右の図のように、直方体の面の上を
頂点Aから辺BCを通り、
頂点Gまでひもをかけます。
ひもの長さがもっとも短くなるとき、
BPの長さを求めなさい。

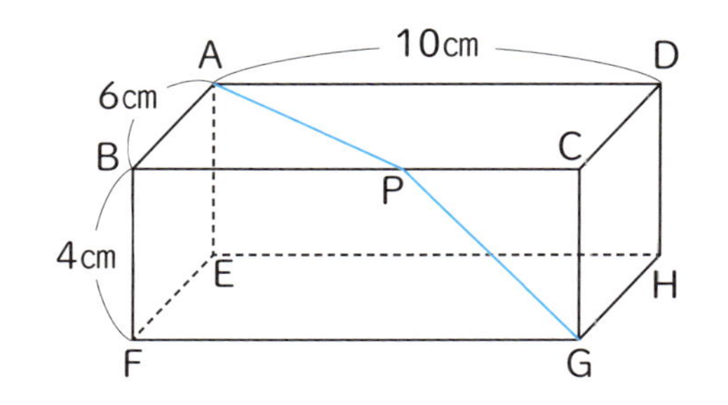

解き方

面ABCDと面BFGCについて
展開図を書きます。
展開図上で「直線」のときが
最短距離ですから、
ひもが頂点AとGを結んだ直線と
なったときにもっとも短くなります。
三角形ABPと三角形GCPは
相似で相似比は
6：4＝3：2ですから、

$$BP=10\times\frac{3}{3+2}=\underline{6\text{cm}}$$

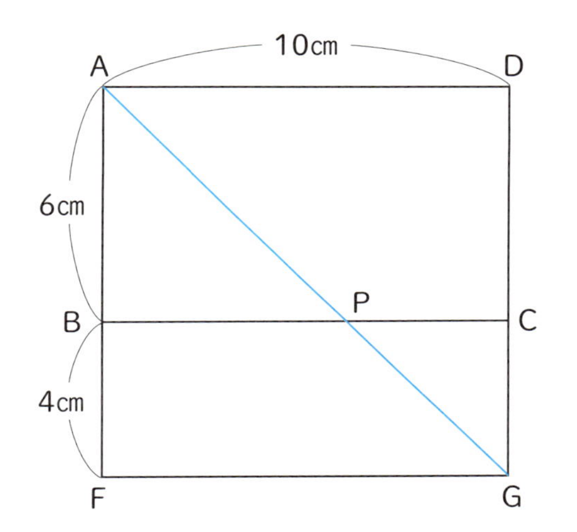

これも覚えよう！

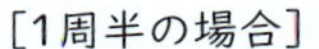

例 右の図のように、まわりを
1周半とか2周する場合は、
下の図のように展開図の面を
増やして考えます。

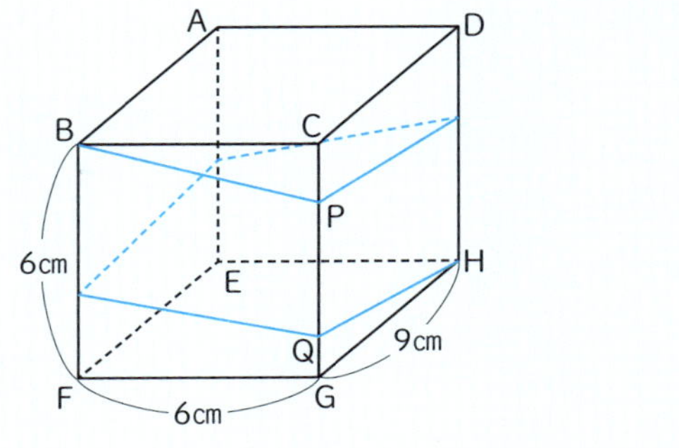

［1周半の場合］

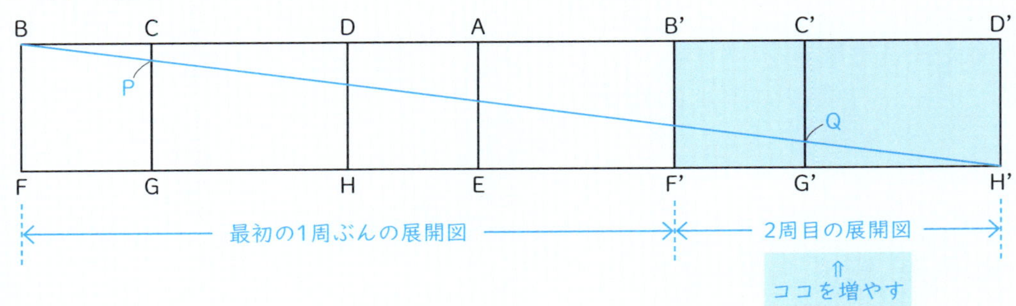

出る順 6 位　立体図形の表面積と体積に関する問題

【必ず覚えておきたい解法③】

図形が軸を中心に回転して立体図形になる問題（回転体）

⇒回転の軸を「対称の軸」として図形を線対称移動すると立体の断面になる

例題 1 ★☆☆

右の図は1辺が1cmの正方形6個からできています。この図形が直線 ℓ を軸として360度回転してできた立体の体積を求めなさい。
ただし、円周率は3.14とします。

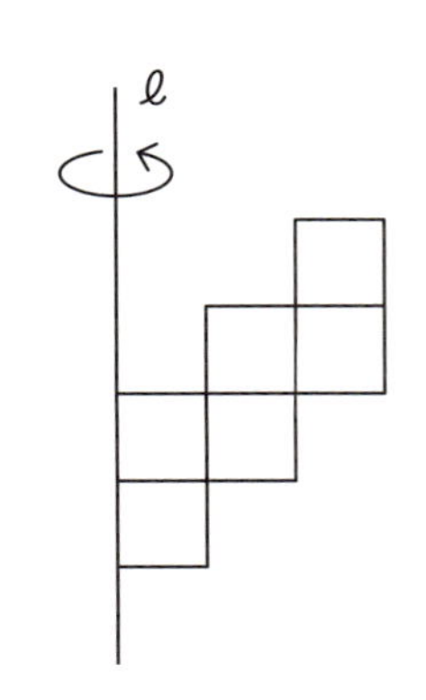

解き方

右上の図を**直線 ℓ を「対称の軸」として線対称移動する**と、
[図1]のようになります。
これができた立体の断面です。
ここから立体の見取り図を書くと
[図2]のようになります。

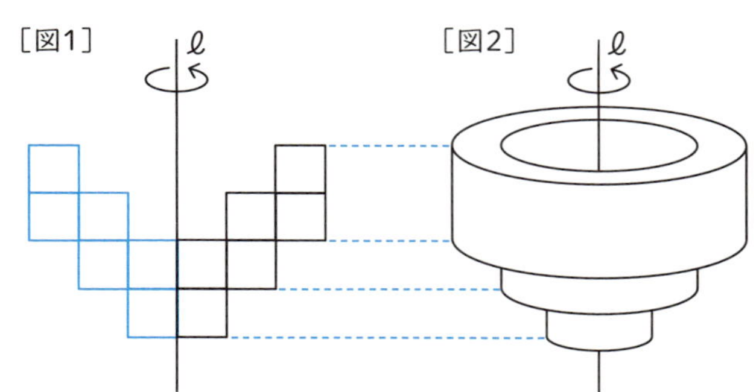

このままでは計算しにくいので、
[図1]で等しい体積を移動します。

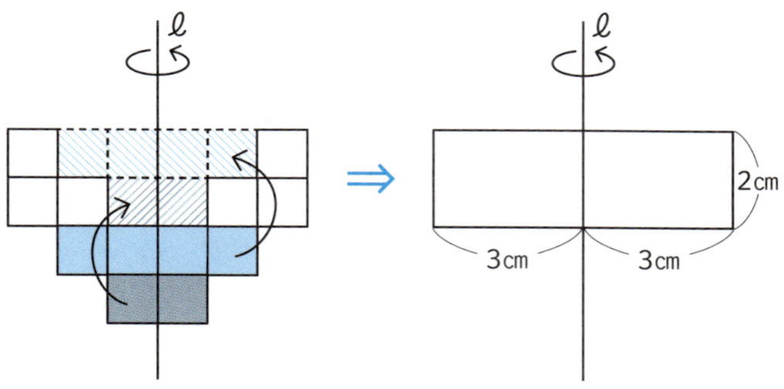

すると、
円柱の体積と等しいことがわかりますから、
体積は　3×3×3.14×2＝56.52㎤

例題2 ★★☆

右の図は台形です。この台形が直線ℓを軸として360度回転してできた立体の体積を求めなさい。ただし、円周率は3.14とします。

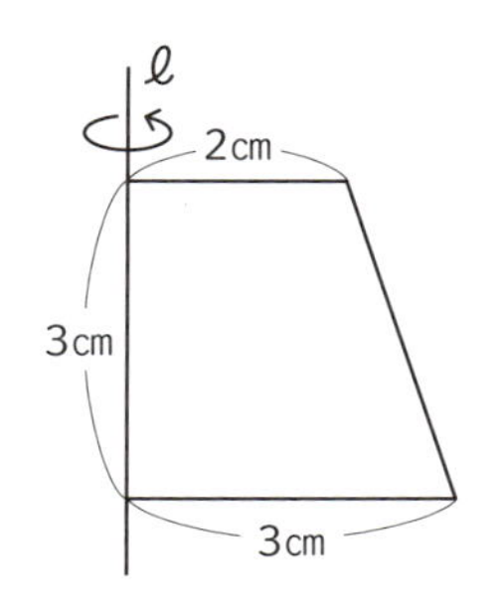

解き方

右上の図を**直線ℓを「対称の軸」として線対称移動して**立体の見取り図を書くと右の図のようになります。
このような立体を「円すい台」といい、体積は下の図のように求められます。

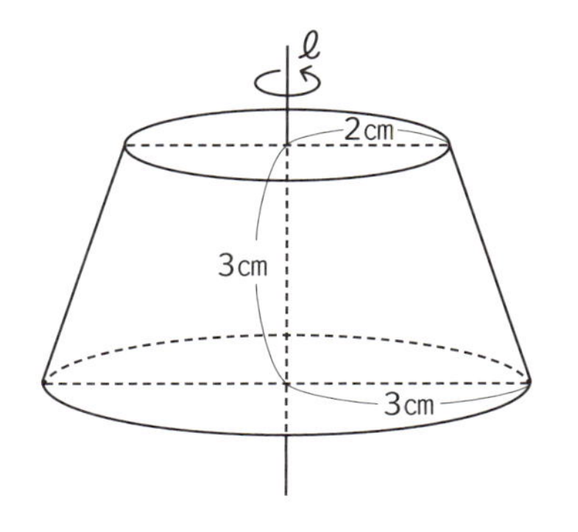

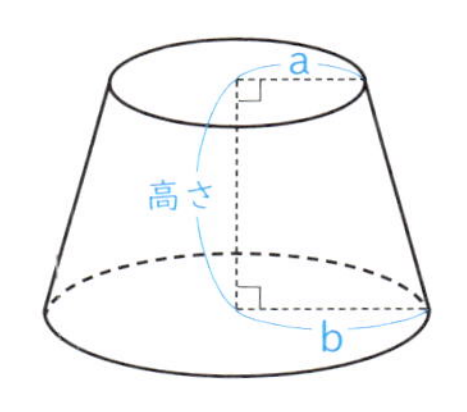

(a×a＋a×b＋b×b)×円周率×高さ÷3
※暗記しましょう。

よって、(2×2＋2×3＋3×3)×3.14×3÷3＝59.66㎤

これも覚えよう！

例 右の図で四角形ABCDは平行四辺形です。
この平行四辺形が直線ℓを軸として360度回転してできた立体は下の[図1]のようになります。これは、[図2]のように、円すい台を2つくっつけた立体ですから、円すい台の体積を求める公式が使えます。

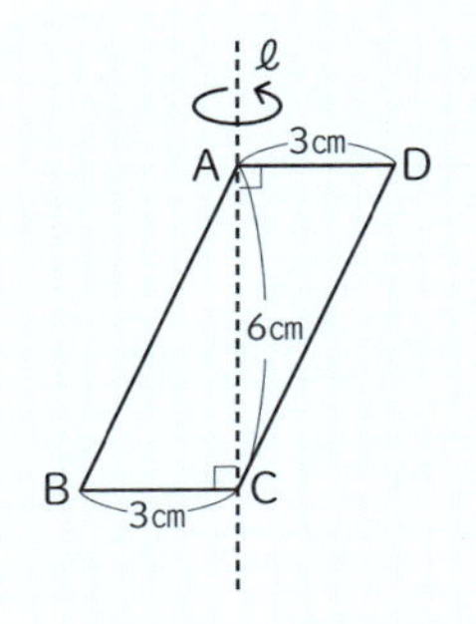

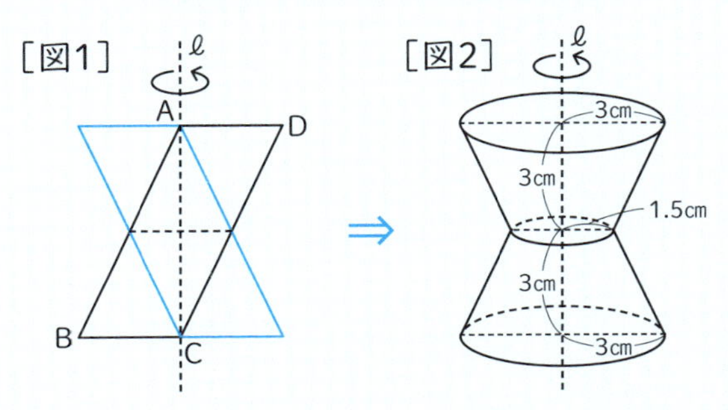

体積は、(1.5×1.5＋1.5×3＋3×3)×3.14×3÷3**×2**＝98.91㎤

出る順 6 位　立体図形の表面積と体積に関する問題

[解法別] 間違えやすい必修問題

1 [解法①]を使う問題 ★★☆

右の図は1辺が6cmの立方体です。
AP＝AQ＝4cmとして、点QPFCを
通る平面でこの立方体を2つに切りました。
2つの立体の表面積の差を求めなさい。

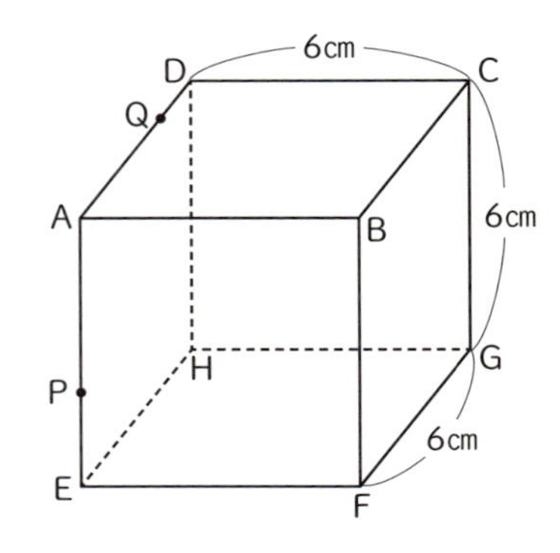

2 [解法②]を使う問題 ★☆☆

右の図のような直方体で、
AP＋PQ＋QHが最小になるとき
BPの長さを求めなさい。

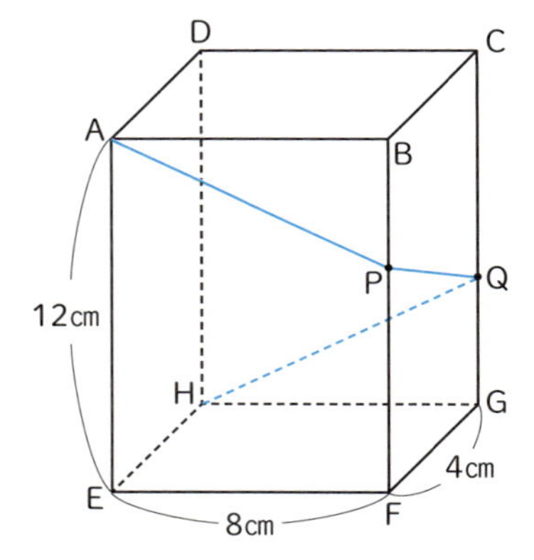

3 [解法③]を使う問題 ★☆☆

右の図は長方形と台形を組み合わせた
図形です。この図形が直線 ℓ を軸として
360度回転してできた立体の体積を
求めなさい。
ただし、円周率は3.14とします。

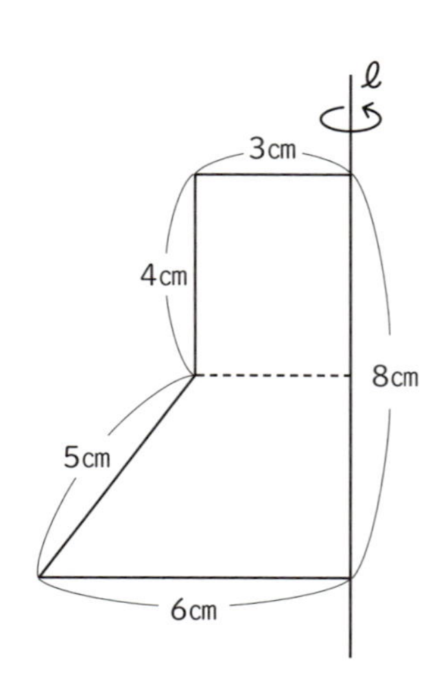

解答&解説

1 切断面は右の図の斜線部のようになります。

「切断面の形」は同じなので、

「切断面の面積」の差はありません。

頂点Aを含む立体の切断面以外の表面積は、

$4\times4\div2+6\times6\div2+\{(4+6)\times6\div2\}\times2=86$cm²

頂点Dを含む立体の切断面以外の表面積は、

切りわける前の立方体の表面積から頂点Aを含む立体の切断面以外の表面積を引けばよいですから、

$6\times6\times6-86=130$cm²……Aの切断面以外の表面積

よって、$130-86=$44cm²

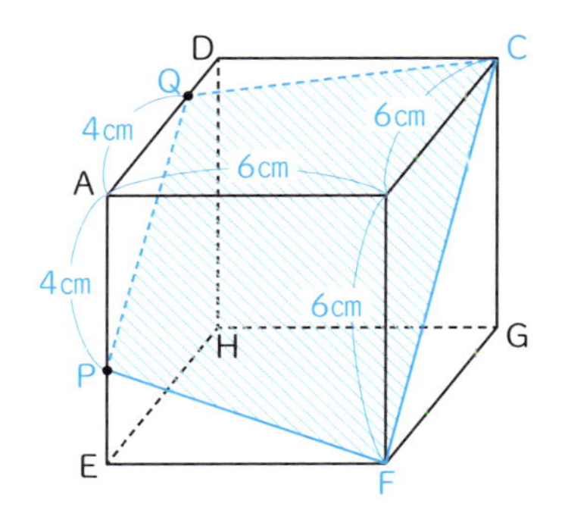

2 AP＋PQ＋QHが最小になるのは、

展開図上でAP＋PQ＋QHが「直線」になるときです。

三角形AHDと三角形APBは相似で相似比は

20：8＝5：2ですからDH：BP＝5：2です。よって、$12\times\frac{2}{5}=$4.8cm

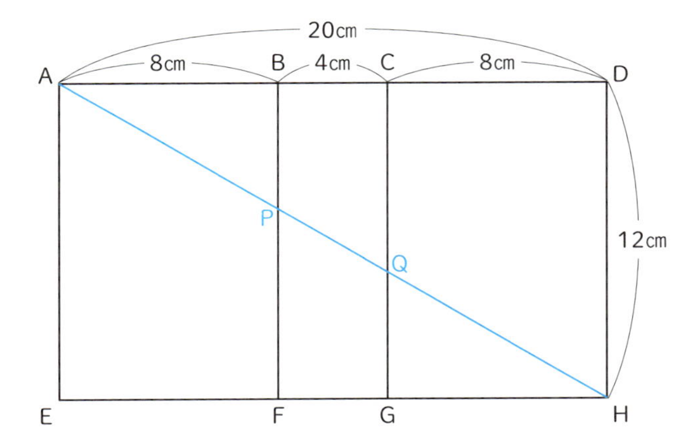

3 回転してできる立体は右の図のようになります。

円柱と円すい台の合計の体積を求めます。

$3\times3\times3.14\times4+(3\times3+3\times6+6\times6)\times3.14\times4\div3=$376.8cm³

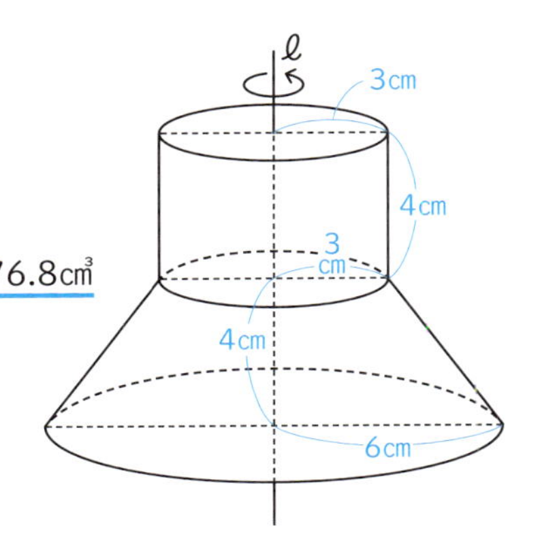

出る順 7 位 和と差に関する問題

【必ず覚えておきたい解法①】

個数を取り違えたために、合計金額が変わる問題（差集め算）

⇒金額の差から
①どちらを多く買ったのか
②個数の差　の順番で考える

例題 1 ★☆☆

50円切手と80円切手を何枚かずつ、合わせて20枚買う予定でしたが、枚数をまちがえて逆に買ってしまったので、予定よりも120円高くなりました。
80円切手は何枚買う予定でしたか。

解き方

予定の金額と実際の金額をくらべます。実際には**120円高くなった**わけですから、まちがえて**80円の切手を多く買ってしまった**ということです。
つまり、**予定では50円の切手を多く買うつもり**でした。

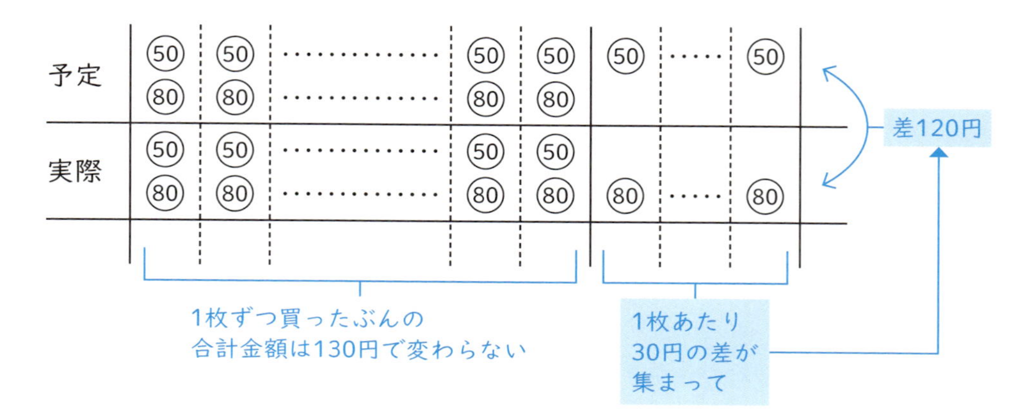

上の図より、買った**枚数の差**は$120 \div (80-50) = 4$枚
合わせて20枚買いましたから、80円の切手を買う予定の枚数は
$(20-4) \div 2 = \underline{8}$枚

例題2 ★★

940円で50円切手と80円切手をそれぞれ何枚か買う予定でしたが、まちがえて逆に買ったところ、合計金額が880円になりました。50円切手を何枚買う予定でしたか。

解き方

逆に買ったら合計金額が減ったことから、**逆に買うと80円の切手が減った**ことがわかります。よって、予定では80円の切手を多く買うつもりでした。

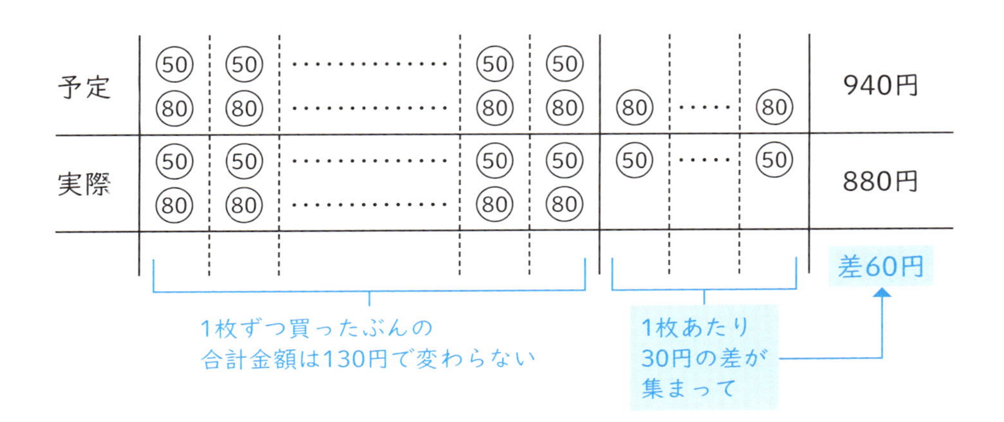

上の図より、50円の切手と80円の切手の枚数の差は

(940－880)÷(80－50)＝2枚

予定の代金から80円の切手2枚ぶんを引くと、50円の切手と80円の切手の枚数は等しくなります。(940－80×2)÷(50＋80)＝6枚

これも覚えよう！

上の[例題2]を消去算で求めてみましょう。

50円の切手を□枚、80円の切手を○枚買う予定だったとします。

予定では　→50×□＋80×○＝940……①　→10でわると5×□＋8×○＝94……①'

実際には　→50×○＋80×□＝880……②　→10でわると5×○＋8×□＝88……②'

そのまま①'を5倍します　→　25×□＋40×○＝470……③

②'の式で、○と□の順番を変えます　→　8×□＋5×○＝88……④

また、④を8倍します　→　64×□＋40×○＝704……⑤

ここで③と⑤で、40×○が等しくなりますから、式の差から、

39×□＝234　□＝234÷39＝6です。

よって、50円の切手を6枚買う予定だったことがわかります。

【必ず覚えておきたい解法②】

A円もらえるはずが、失敗するとB円はらう問題（つるかめ算）

⇒1回失敗すると「損する金額」は(A+B)円

例題1 ★★★

荷物を1個運ぶと70円もらえますが、運んでいる途中で荷物をこわしてしまうと70円もらえないだけでなく、20円はらわなければなりません。この荷物を80個運んで5060円もらったとき、こわした荷物は何個ありますか。

解き方

80個の荷物を全部こわさないで運んだときにもらえる金額は
70×80＝5600円
実際には5060円しかもらえていないので、損した金額の合計は
5600－5060＝540円
ところが、1個こわしてしまうと、
70円もらえないだけでなく、20円はらうわけだから、
1回失敗すると「損する金額」は70＋20＝90円になります。
よって、540÷90＝6　6個

例題2 ★

1題解いて正解なら4点もらえ、まちがえると1点引かれるテストをしました。このテストで100題解いたら260点になりました。何題まちがえましたか。

解き方

100題を全部正解したときの点数は

4×100＝400点

実際には260点だったので、損した得点の合計は

400－260＝140点

ところが、1題まちがえると、4点もらえないだけでなく、1点引かれるわけだから、

1回失敗すると「損する点数」は4＋1＝5点になります。

よって、140÷5＝28　28題

こんな問題に注意！

つるかめ算では、次のように答えがいくつか出てくる問題もあります。

例 **10円玉と50円玉、100円玉が合わせて30枚あります。合計金額が1520円のとき、50円玉は何枚ありますか。考えられる枚数をすべて答えなさい。**

答え 10円玉をx枚、50円玉をy枚、100円玉をz枚とします。右の面積図から斜線部の面積(＝金額)は

100×30－1520＝1480円で、これは

$90\times x+50\times y=1480$　と書けます。

等号の左右を10でわると、

$9\times x+5\times y=148$

この式で、

xがもっとも大きくなるのは

$y=0$のときで、$x=16.44$……。

xは整数なので$x=16$のとき、

$9\times 16+5\times y=148$となって、$5\times y=4$

yは整数でないので

答えにはなりません。同様に

$x=15$、14……を右の表のようにまとめます。8枚、17枚、26枚

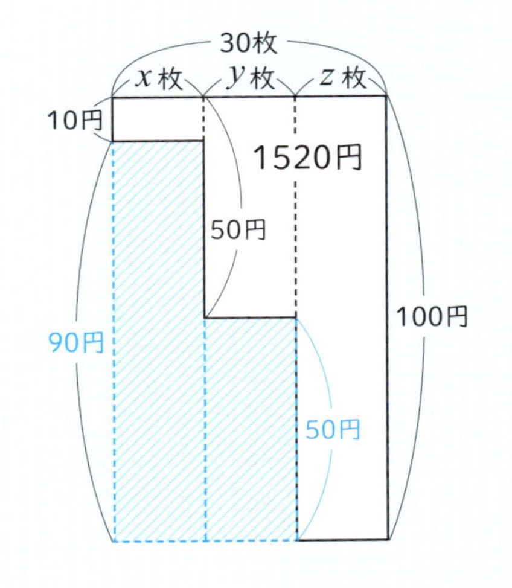

x(10円玉)	16	15	14	13	12	……	7	……	2	1
$5\times y$	4	13	22	31	40	……	85	……	130	139
y(50円玉)	×	×	×	×	8	……	17	……	26	×

出る順 7 位 和と差に関する問題

【必ず覚えておきたい解法③】

進む速さや到着するまでの時間が変わる問題

（速さのつるかめ・差集め算）

⇒面積図（たて＝速さ、よこ＝時間）を書く

例題 1 ★☆☆

家から学校までの960mを最初、分速90mで進みましたが、途中から分速120mで進んだところ、9分で学校に到着しました。分速90mで進んだ時間を求めなさい。

解き方

分速90mで進んだ時間を○分、
分速120mで進んだ時間を□分として
右の図のような**面積図を書きます**。

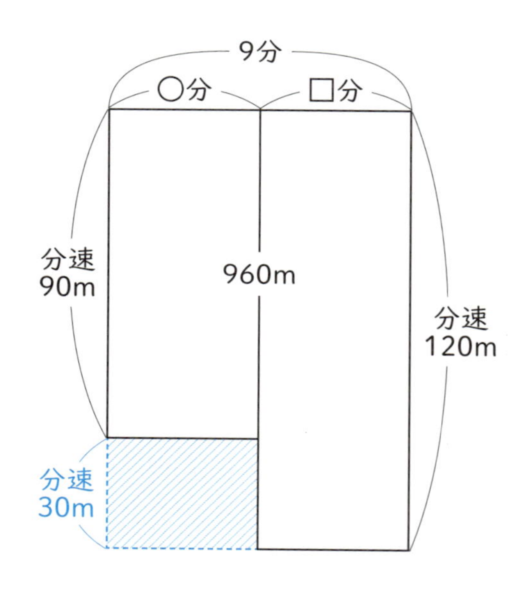

図の斜線部の面積は
120×9－960＝120
120÷（120－90）＝4……○
よって、4分

例題2 ★☆☆

Aくんは8時に家を出て学校に向かいます。分速90mで進むと始業の2分前に学校に到着し、分速72mで進むと5分遅刻します。始業時刻を求めなさい。

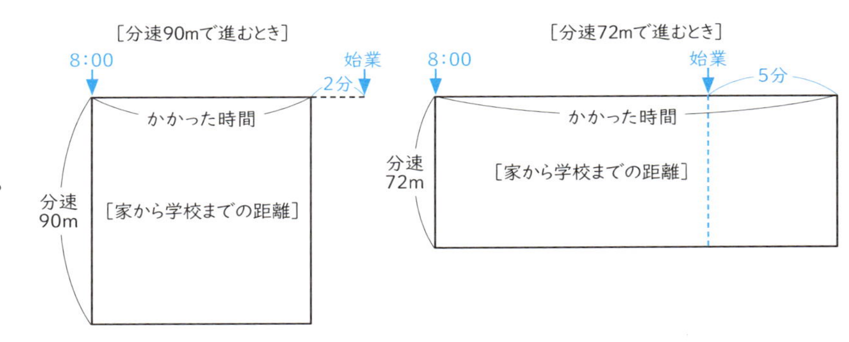

解き方

それぞれの**面積図を書きます**。

出発した時刻はいずれも8時ですから、出発時刻に合わせて2つの面積図を重ねます。

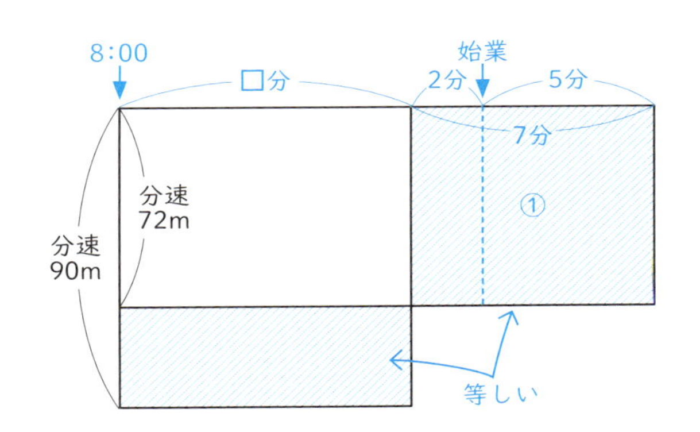

斜線部①の面積は

72×(2＋5)＝504

□は504÷(90－72)＝28

よって、始業時間は

8時＋28分＋2分となり、**8時30分**

こんな問題に注意!

※速さの比を使うと簡単に解ける問題があります。

例 ある坂道を往復するのに、上りは分速60m、下りは分速84mで進んだところ、往復で30分かかりました。この坂道の長さを求めなさい。

答え 坂道の長さを①とすると、

上りにかかる時間は①÷60＝$\frac{1}{60}$(丸囲み)

下りにかかる時間は①÷84＝$\frac{1}{84}$(丸囲み)

上りと下りにかかる時間の比は$\frac{1}{60}$:$\frac{1}{84}$＝7:5となります。

上りと下りにかかる時間の合計は30分ですから、上りにかかった時間は

$30\times\frac{7}{5+7}$＝17.5分となります。

よって、坂道の長さは　60×17.5＝1050　**1050m**

[解法別] 間違えやすい必修問題

1 [解法①]を使う問題 ★★☆

1個100円のりんごと1個40円のみかんをそれぞれ何個か買うと860円です。個数を逆に買うと合計金額が680円になります。りんごは何個買う予定でしたか。

2 [解法②]を使う問題 ★☆☆

1個140円の品物をこわさずに運ぶと、1個につき10円もらえます。途中で品物をこわすと、こわしたぶんの運び賃はもらえず、こわした品物の代金をはらわなければなりません。150個の品物を運んで1200円をもらったとき、こわした品物は何個ですか。

3 [解法③]を使う問題 ★☆☆

Aくんは7時40分に、家から1490mはなれた学校へ向かって歩き始めました。 はじめは分速60mで進みましたが、遅刻しそうになったので、途中の図書館から分速110mで進んだら、7時59分に学校に着きました。家から図書館までの距離を求めなさい。

解答&解説

1 逆に買ったら合計金額が減ったことから、**逆に買うと40円のみかんが増えた(100円のりんごが減った)**ことがわかります。よって、最初は100円のりんごの個数が多かったことがわかります。

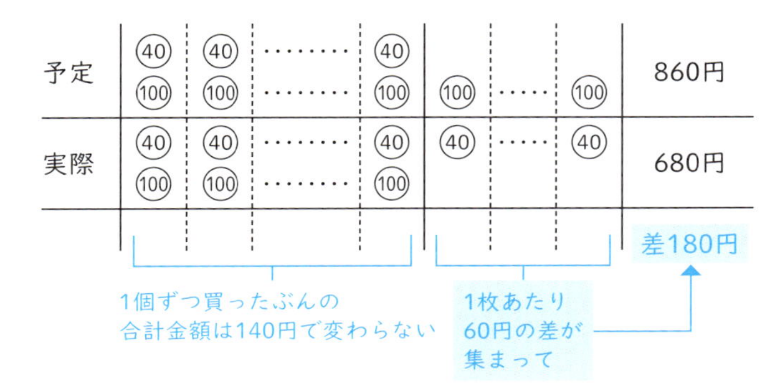

上図より、40円のみかんと100円のりんごの**個数の差**は

(860－680)÷(100－40)＝3個

予定の代金に40円のみかん3個ぶんをたすと、40円のみかんと100円のりんごの個数は等しくなります。(860＋40×3)÷(40＋100)＝7個

2 150個をこわさずに全部運んだときの運び賃は

10×150＝1500円

実際には1200円をもらったので、損した金額の合計は

1500－1200＝300円

実際に「損する運び賃」は1個こわすごとに140＋10＝150円ですから、

300÷150＝2個

3 家から学校までにかかった時間は19分です。

また、進んだ距離の合計は1490mです。

分速60mで進んだ時間を○分、

分速110mで進んだ時間を□分として

面積図を書きます。

図の斜線部の面積は

110×19－1490＝600

600÷(110－60)＝12……○

家から図書館までの距離は、

分速60mで12分かかりますから、

60×12＝720m

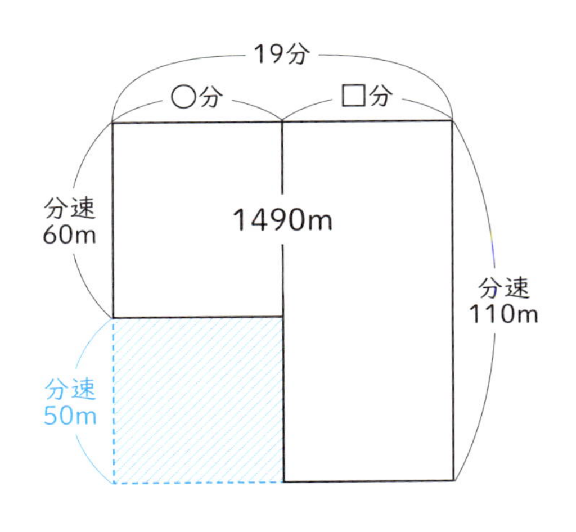

出る順 8 位　図形の移動に関する問題

【必ず覚えておきたい解法①】

点が動いて、重なったり別の図形ができる問題（図形上の点移動）

⇒「旅人算」の出会いや追いつき、「時計算」の針の重なりを思い出す

（44～47ページ参照）

例題 1 ★★★

右の図のような台形の辺上を点PはAからDまで秒速1cmで、点QはCからBまで秒速2cmで動きます。点P、Qが同時に出発して、四角形ABQPが平行四辺形になるのは、出発してから何秒後ですか。

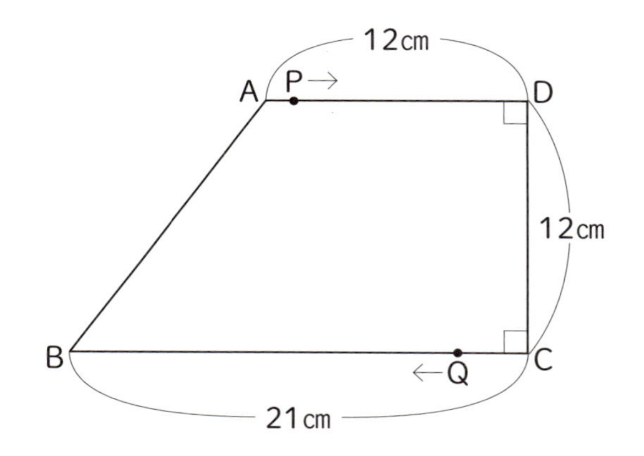

解き方

AP＝BQのとき、四角形ABQPは平行四辺形になります。
Pが進んだ距離APとBQの長さは等しいので、
PとQの進んだ距離の合計が21cmになればよい（旅人算の考え方）。
21÷（1＋2）＝7
よって、7秒後

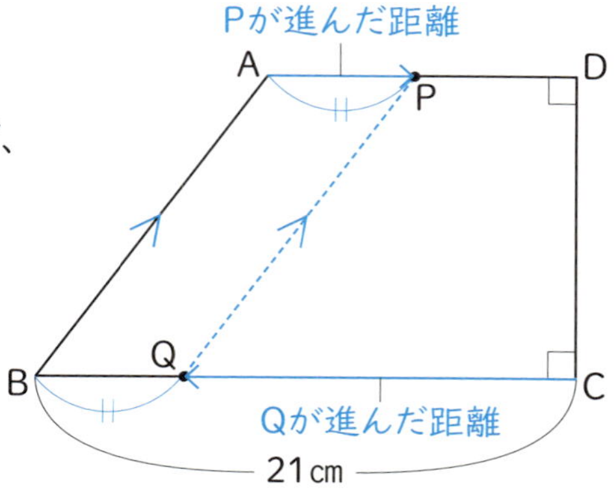

例題2 ★★

右の図のように、円Oの周上に2点P、Qがあり、円周上の点Aを矢印の方向に同時に出発します。また、円周上を1周するのに点Pは18秒、点Qは12秒かかります。点Pが1周するあいだに、APQが直角三角形になるのは、出発してから何秒後ですか。すべて答えなさい。

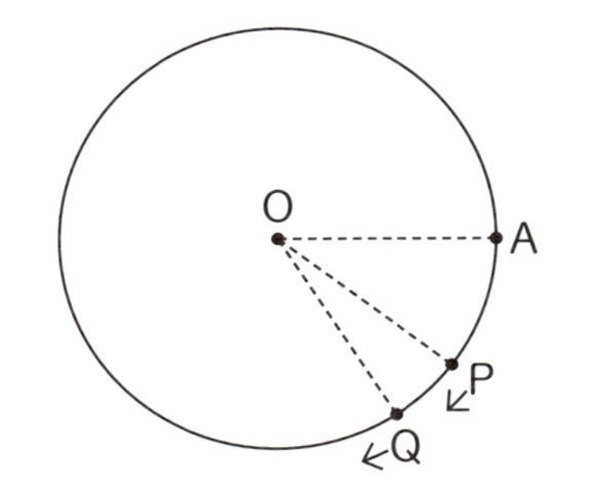

解き方

点P、Qが**1秒間に円周上を回る角度（時計算の考え方）は**

点P……360÷18=20度

点Q……360÷12=30度

次に、

APQが直角三角形になるのは、右の図のようになるときです。

①の場合→180÷30＝6

②の場合→180÷20＝9

よって、6秒後と9秒後

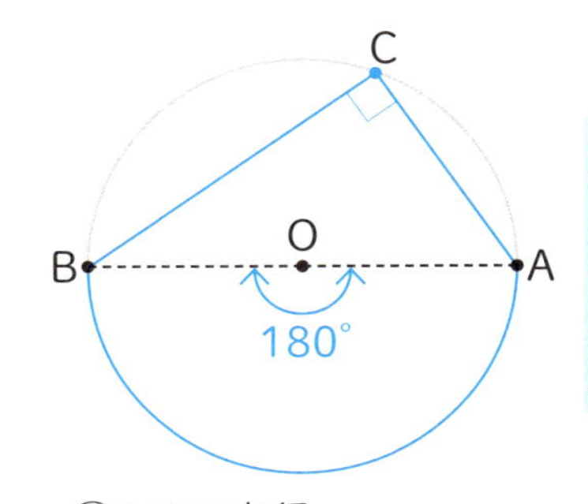

おうぎ形の中心角が180°のとき、角ACBは直角になります（65ページ、［これも覚えよう！］参照）。

①AQが直径
（Qが180度進んだとき）

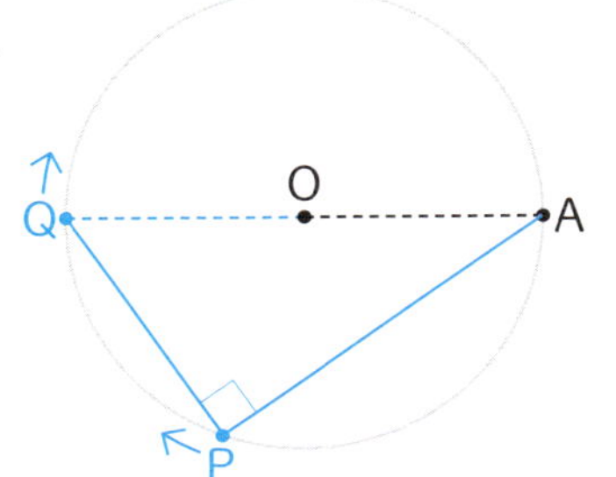

②APが直径
（Pが180度進んだとき）

こんな問題に注意！

例 右の図の長方形で、点PはAから、点QはBから同時に出発します。直線PQが長方形の面積をはじめて2等分するのは出発してから何秒後ですか。

答え 長方形の面積を2等分するということは、台形ABQPの面積は20×30÷2＝300㎠になります。台形ABQPの（上底＋下底）が300×2÷20＝30cmとなればよいので、**点Pと点Qの進んだ距離の合計**も30cmになります。

30÷(3＋2)=6秒後

出る順 8 位 図形の移動に関する問題

【必ず覚えておきたい解法②】

円やおうぎ形が直線やほかの図形上を転がる問題
（転がり移動）

⇒移動したあとを、「直線」の部分と「おうぎ形の弧」の部分にわける

例題 1 ★☆☆

右の図のような長方形の辺上を半径1㎝の円がすべることなく転がって、長方形を1周します。円が動いたあとの面積を求めなさい。ただし、円周率は3.14とします。

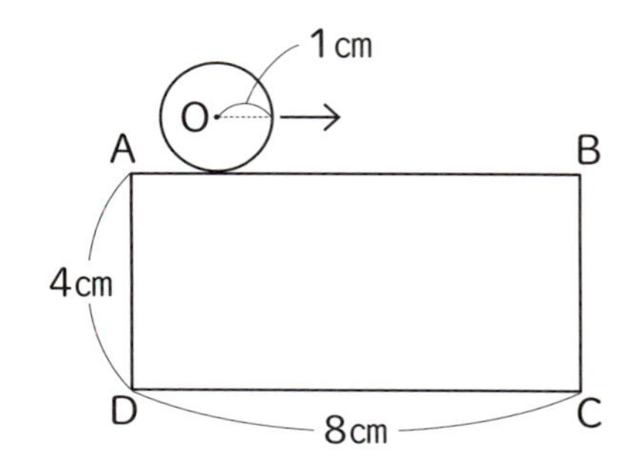

解き方

右の[図1]のように長方形の角のところでは、
①中心Oが直線ℓに重なるまでは**「直進(＝直線)」**
②中心Oが直線mに重なるまでは点Bを中心とした円の**「おうぎ形の弧」**をえがく
③直線mに重なったあとは**「直進(＝直線)」**
のように円が移動します。
1周すると、円が動いたあとは[図2]のようになります。

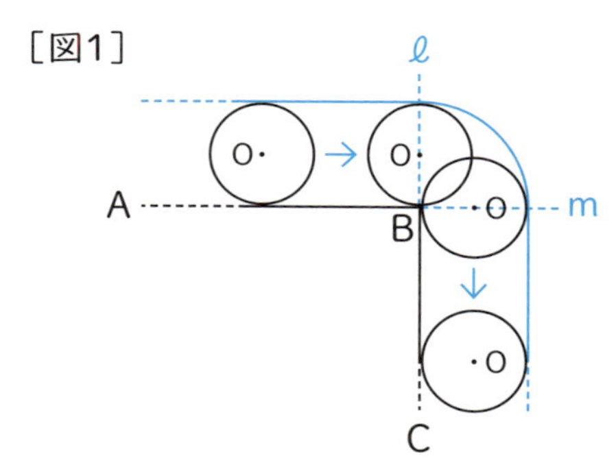

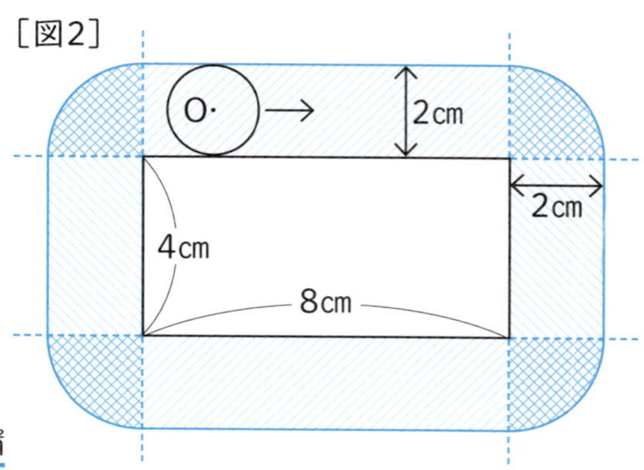

長方形の4つの頂点にあるおうぎ形（濃い斜線部）を合わせると円になります。
また、おうぎ形以外の部分は長方形（うすい斜線部）です。
よって、
$2 \times 2 \times 3.14 + 2 \times 4 \times 2 + 2 \times 8 \times 2 =$ 60.56㎠

例題2 ★☆☆

右の図のように直線ℓ上に半径3cm、
中心角60度のおうぎ形OABがあります。
このおうぎ形を直線ℓ上で㋐から㋑の
位置まですべることなく転がしました。
点Oが動いたあとの線の長さを求めなさい。
ただし、円周率は3.14とします。

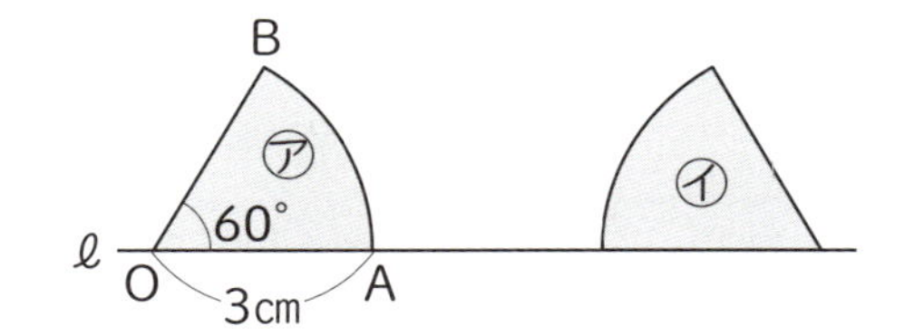

解き方

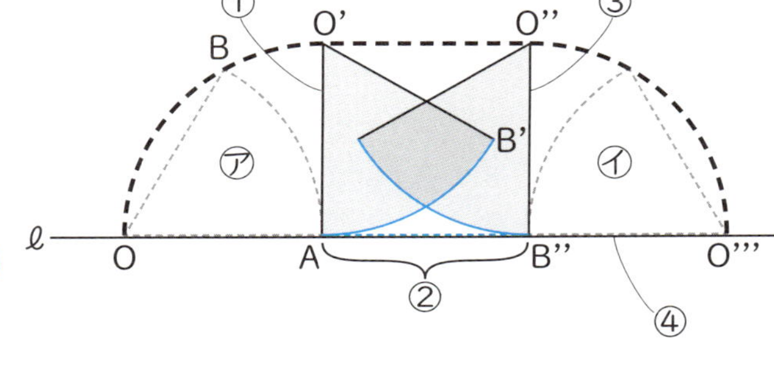

右の図のようにおうぎ形OABは
㋐から㋑までは、
① AO'とℓが垂直になる
② 弧AB'がℓと重なる
（→弧AB'の長さ＝AB''の長さ）

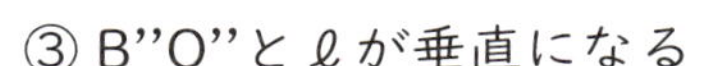

③ B''O''とℓが垂直になる
④ B''O'''がℓと重なる
点Oの動いたあとは図の黒太点線です。

$$3\times2\times3.14\times\frac{90}{360}\times2+3\times2\times3.14\times\frac{60}{360}=12.56$$

よって、12.56cm

こんな問題に注意！

回転移動をする図形では、重なりをふくめて等しい面積を見つけて基本図形にして面積を求める問題があります（38、39ページ、出る順2位の解法④参照）。

例 右の図は、三角形ABCの頂点Aを中心として、
矢印の方向に90度回転させたものです。
辺BCが動いたあとの図形（斜線部）の
面積を求めなさい。

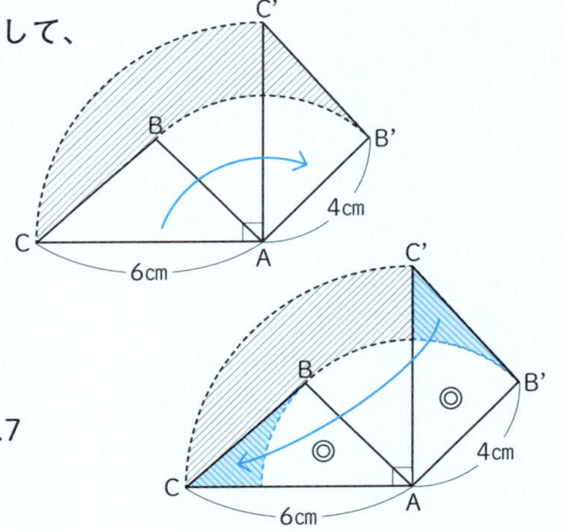

答え 右の図のように、青の斜線部は
三角形AB'C'から◎のおうぎ形を引いた
ものですから、移動して考えます。

$$6\times6\times3.14\times\frac{90}{360}-4\times4\times3.14\times\frac{90}{360}=15.7$$

よって、15.7cm²

出る順 8 位　図形の移動に関する問題

【必ず覚えておきたい解法③】

平行移動によって2つの図形が重なる問題（図形の重なり）

⇒重なりの部分の「形の変化」を図にする

例題1 ★☆☆

右の図のように、
直角二等辺三角形㋐と長方形㋑があります。㋐を秒速1㎝で矢印の方向に直線ℓにそってて動かします。
㋐を動かし始めてから13秒後の重なりの部分の面積を求めなさい。

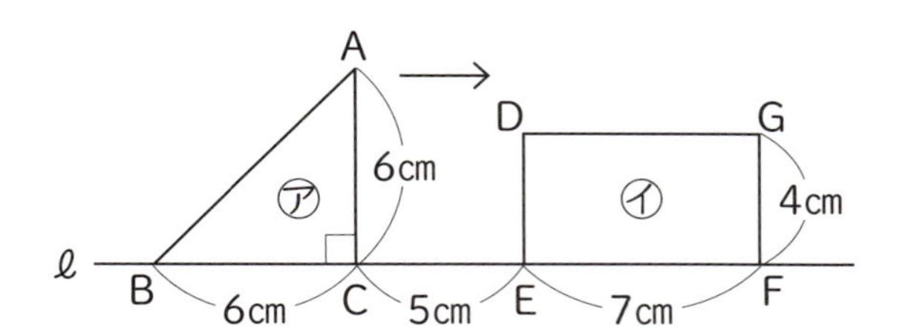

解き方

13秒後の**重なり部分を図にします**。
㋐は13㎝進みますから、
辺ACは辺GFの右側1㎝まで進みます。
重なりは右下の図のように台形GHBFとなり
面積は$(1+5)\times4\div2=12$
よって、<u>12㎠</u>

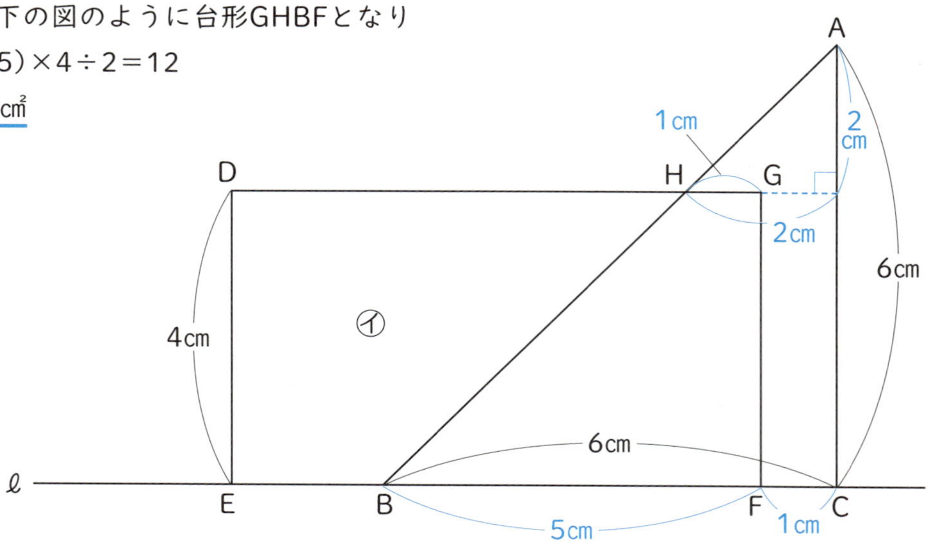

例題2 ★★★

前ページの[例題1]の問題で、直角二等辺三角形㋐と長方形㋑が重なる部分の形は、どのように変化しますか。その図形の名前を順に書きなさい。

解き方

重なりの部分は下の図のように変化します。

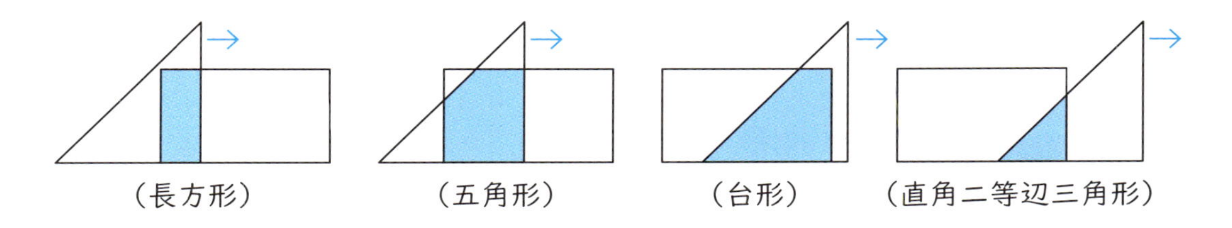

よって、長方形、五角形、台形、直角二等辺三角形

こんな問題に注意！

平行移動をする図形でも、重なりをふくめて等しい面積を見つけて基本図形にして面積を求める問題があります（38、39ページ、出る順2位の解法④参照）。

例 右の図の半径8cmの四分円OABが直線ℓにそって、矢印の方向に移動します。四分円OABが10cm移動したとき、四分円OABの弧ABが動いたあとの面積を求めなさい。

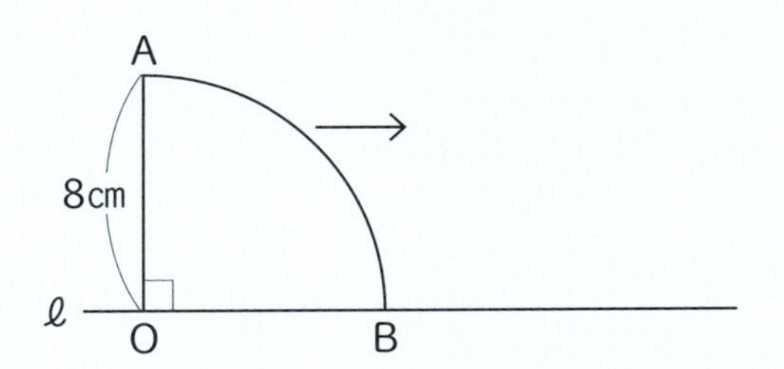

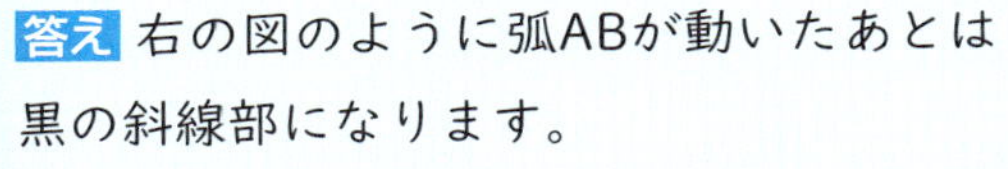

答え 右の図のように弧ABが動いたあとは黒の斜線部になります。
青の斜線部を動かすと、長方形の面積と等しくなります。
長方形の横の長さは、四分円が移動した距離と等しくなりますから、
8×10＝80㎠

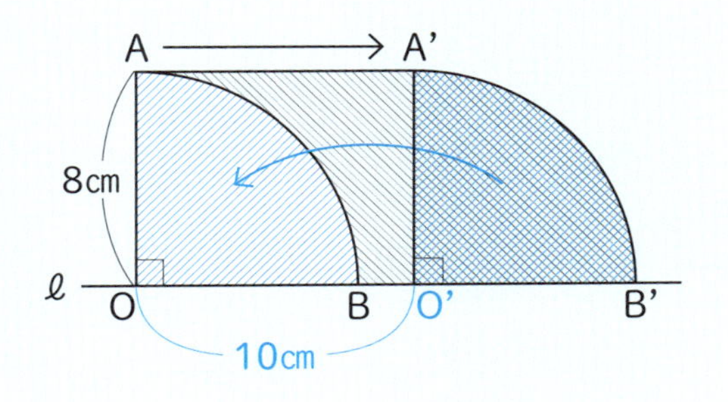

出る順 8 位　図形の移動に関する問題

[解法別] 間違えやすい必修問題

1 [解法①]を使う問題 ★☆☆

右の図のような長方形ABCDの
Bから点Pが、Cから点Qがそれぞれ
矢印の方向に同時に出発し、
長方形の辺上をまわり続けます。
点Pは秒速6cm、点Qは秒速4cmのとき、
出発してからの5分間で点Pと
点Qは何回重なりますか。

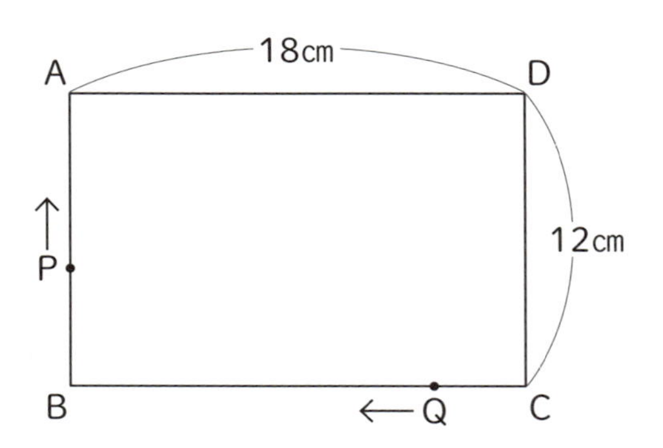

2 [解法②]を使う問題 ★☆☆

下の図のように直線ℓ上に半径8cm、中心角135度のおうぎ形OABがあります。
このおうぎ形を直線ℓ上で㋐から㋑の位置まですべることなく転がしました。
点Oが動いたあとの線と直線ℓとで囲まれた図形の面積を求めなさい。
ただし、円周率は3.14とします。

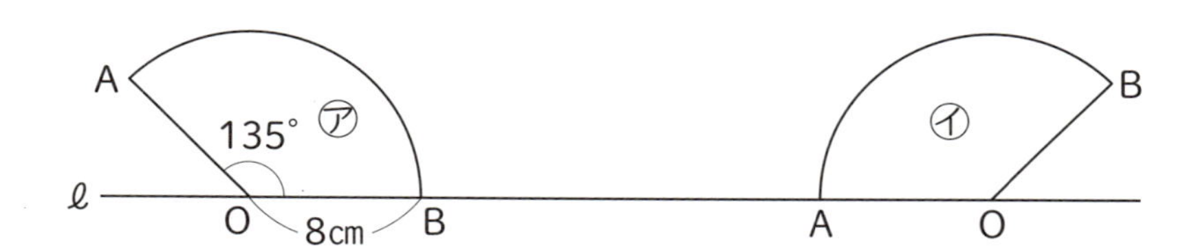

3 [解法③]を使う問題 ★☆☆

右の図のように、直線ℓ上に正方形㋐と
直角二等辺三角形㋑があります。
㋐を秒速1cmで矢印の方向に直線ℓ上を
動かします。
重なっている部分の面積が
㋐の面積の半分になるのは
何秒後と何秒後ですか。

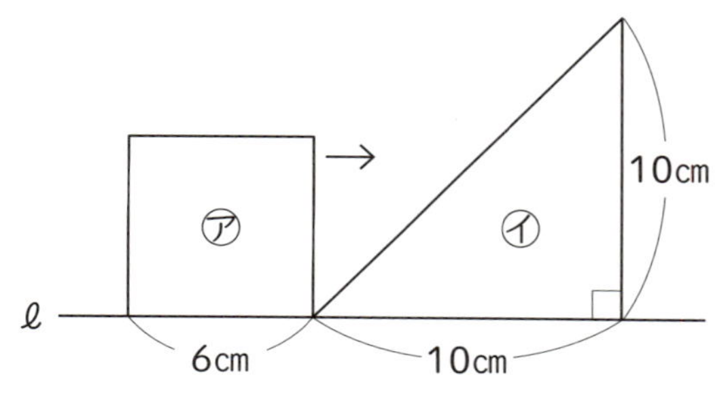

解答&解説

1 「旅人算」を思い出しましょう。

最初の点Pと点Qのへだたりは12＋18＋12＝42cm

よって、1回目に点Pと点Qが重なるのは42÷(6－4)＝21秒後　です。

また、2回目以降はへだたりが(18＋12)×2＝60cm　になりますから、

60÷(6－4)＝30秒ごとに点Pと点Qは重なります。

5分間は300秒ですから、

(300－21)÷30＝9あまり9となって、2回目以降では点Pと点Qは9回重なります。

よって、1＋9＝10　10回

2 点Oの動いたあとは下の図のようになります。

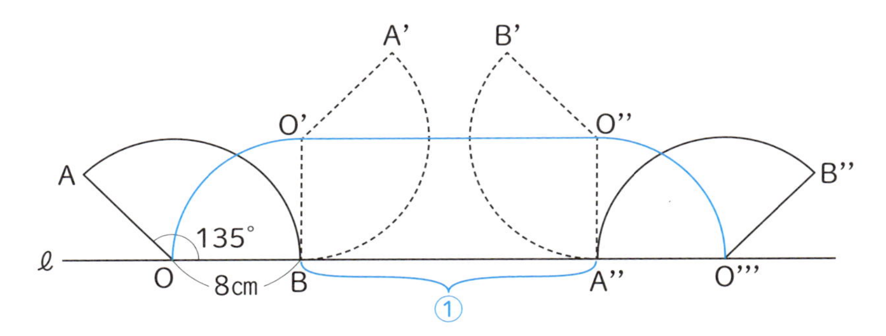

また、**重なりのある直線と弧の長さは等しいので**、①の長さは

$8\times2\times3.14\times\frac{135}{360}=18.84$cmです。

よって、点Oが動いたあとの線と直線ℓとで囲まれた図形の面積は

$8\times8\times3.14\times\frac{90}{360}\times2+8\times18.84=251.2$　251.2cm²

3 重なりの部分の「形の変化」を図にしてみます。

右の図のように、1回目に正方形の面積の半分になるのは直角二等辺三角形の斜辺と正方形の対角線が重なったときです。2回目は直角二等辺三角形の垂直な辺が正方形をたてに半分にしたときです。よって、6秒後と13秒後

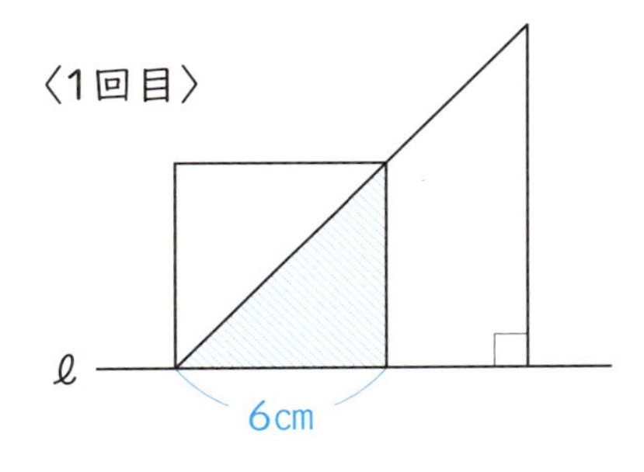

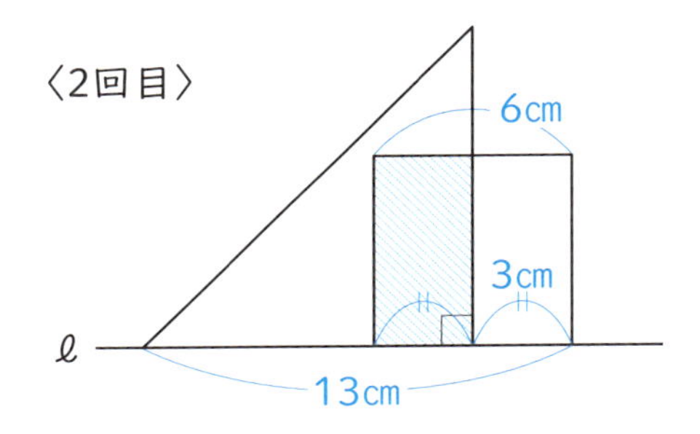

出る順4位〜8位　まとめ問題

～自分でどの解法になるかを考えてから解いてみよう～

1 ★☆☆

右の図は二等辺三角形で、
●をつけた角の大きさが等しいとき、
xの角の大きさを求めなさい。

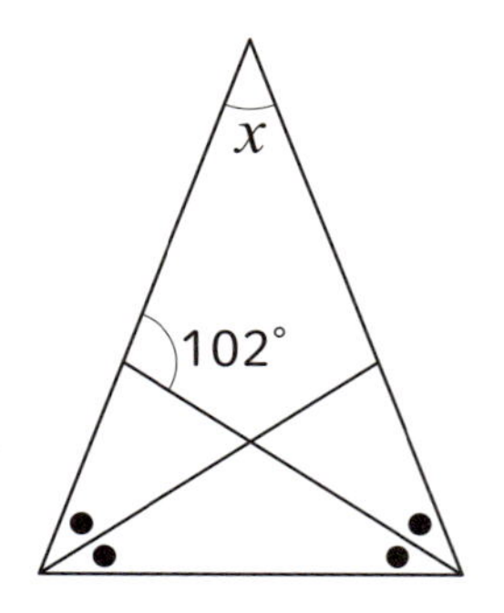

2 ★★☆

1から順に並べた整数を下のように組にしていきます。9組目の真ん中の数はいくつですか。

(1)、(2、3)、(4、5、6)、(7、8、9、10)、(11、12、13、14、15) ……

3 ★☆☆

右の図のような側面が同じ形の二等辺三角形で、
底面が正三角形の三角すいがあります。
この三角すいの辺ABの中点Mから側面を
一周するように、ひもをピンとはったところ、
ひもの長さはちょうどAMの長さと同じになりました。
このとき、側面の角BACの角度を求めなさい。

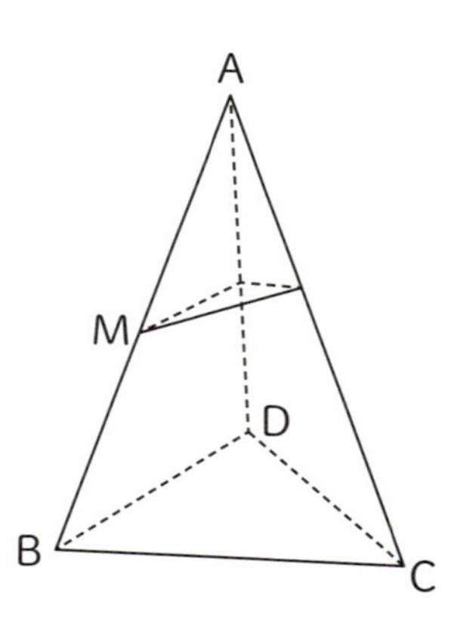

4 ★☆☆

姉と妹は午後1時に家を出てプールに向かいます。姉は分速80mで進んだので、約束の時間の10分前にプールに到着しました。また、妹は分速60m進んだので、約束の時間の5分前に到着しました。約束した時刻を求めなさい。

5 ★☆☆

下の図のような、半径6cm、中心角135度のおうぎ形を直線ℓにそって矢印の方向に4cm動かしました。おうぎ形が動いたあとの面積を求めなさい。ただし、円周率は3.14とします。

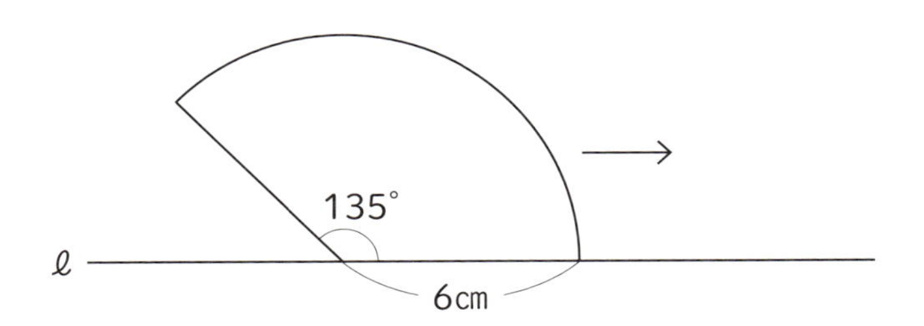

6 ★★☆

右の図のように正方形ABCDの辺ABの中点をMとします。
図のようにMCで折り返したとき、角xは何度になりますか。

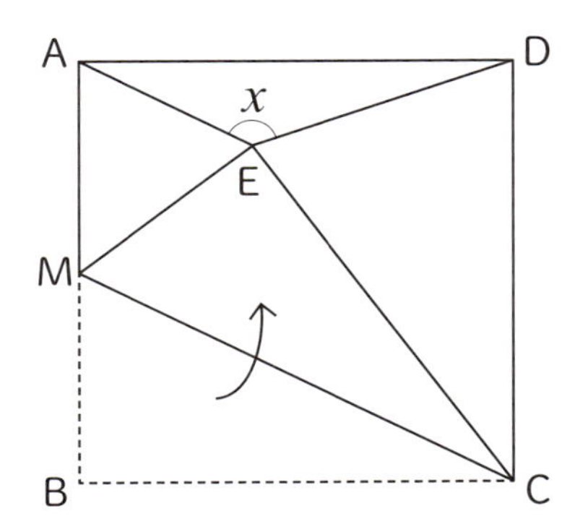

出る順4位〜8位 まとめ問題 解答&解説

1 **三角形の外角の性質**を使うと102度が

●3つぶんにあたっていることがわかります。

102÷3＝34度……●

よって、x＝180－34×2×2＝44

44度

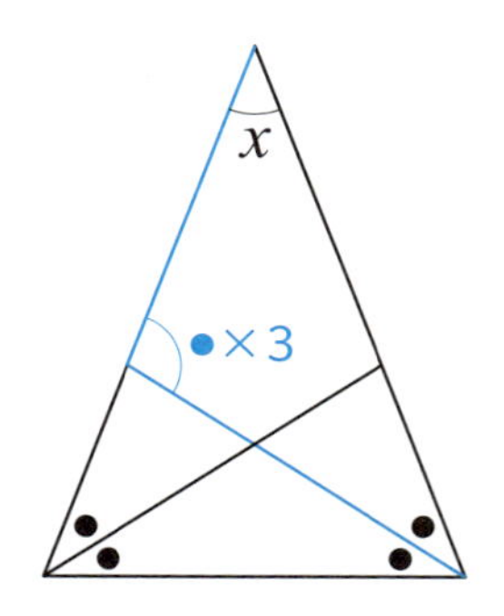

2 まず、**「周期の最初」**をつかみましょう。

［組目］	［最初の数］	
1組目	1	
	＋1	
2組目	2	……………1＋1
	＋2	
3組目	4	……………1＋(1＋2)
	＋3	
4組目	7	……………1＋(1＋2＋3)
⋮	⋮	
9組目	□	……………1＋(1＋2＋……8)

よって、9組目の周期の最初は□＝1＋(1＋2＋……8)で37です。

次に、**「並び方のくり返し」**をつかみましょう。

たとえば、3組目ならば、周期の最初の数は4から5、6と3つの数字が並んでいますから、9組目は周期の最初の数37から38、39……と9つの数字が並びます。

9組目の真ん中の数は、5番目の数ですから、37、38、39、40、41……。

よって、41

3 **展開図上で「直線」のときが最短距離**です。

右の図のような展開図で考えます。

ピンとはったひもはMM'で、三角形AMM'は正三角形になります。

よって、角BACは60÷3＝20　20度

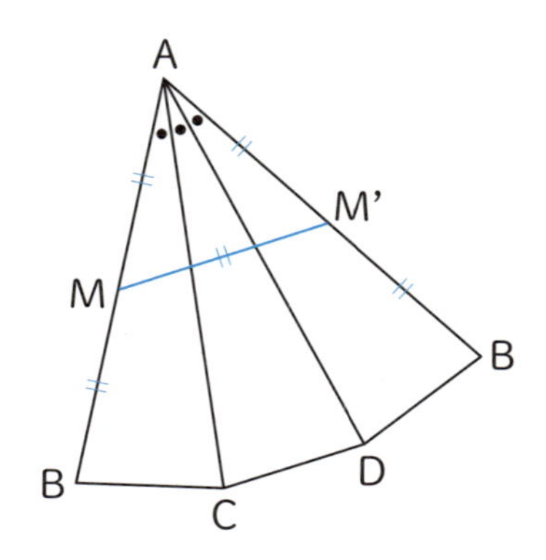

4 面積図を書きます。
斜線部①の面積は
$60\times(10-5)=300$
よって□$=300\div(80-60)=15$
よって、約束の時間は
午後1時＋15分＋10分となり、
午後1時25分

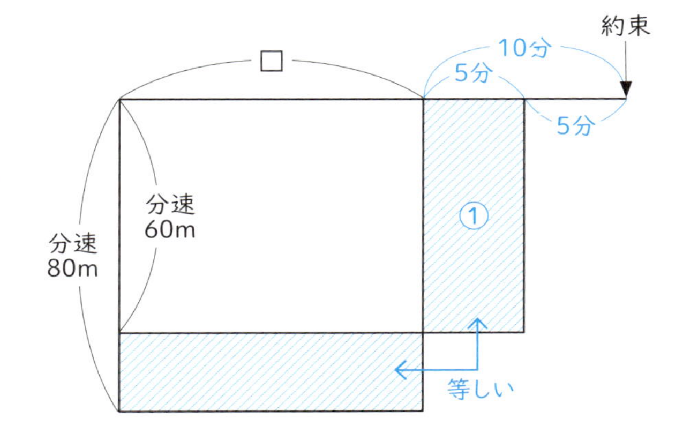

5 おうぎ形が動いたあとは下の図のようになります。
$6\times4+6\times6\times3.14\times\frac{45+90}{360}=66.39$
よって、66.39cm²

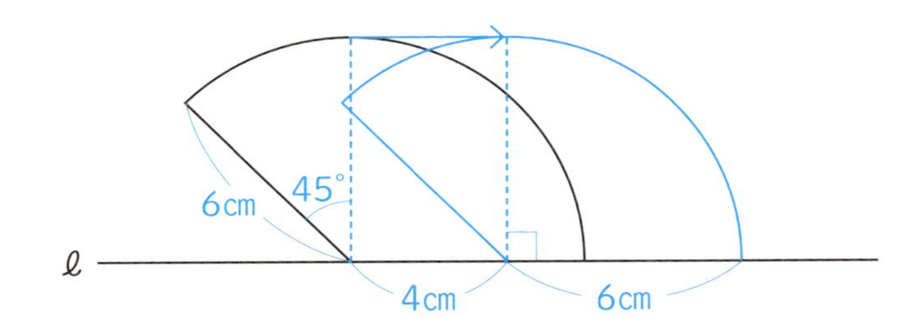

6 右の図のようにBEに補助線を引きます。
三角形ABEの内角の和は180度ですから
▲＋▲＋△＋△＝180度
→▲＋△＝90度……①
また、四角形DEBC内角の和は360度ですから
●＋●＋○＋○＋90度＝360度
→●＋○＝135度……②
よって、角xは
$360-(90+135)=135$　135度

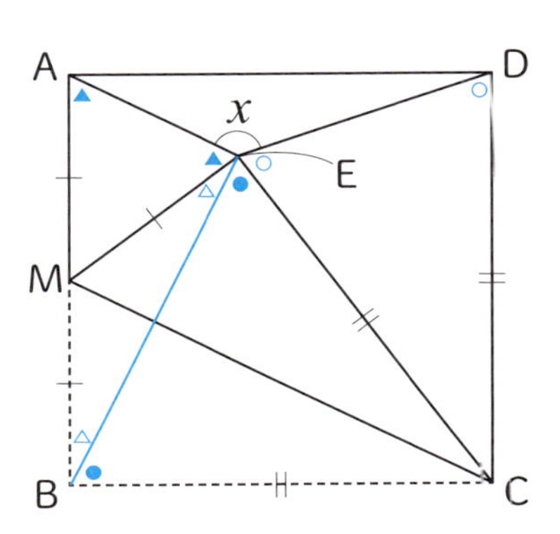

[単位分数の和]

【単位分数】

単位分数とは、$\frac{1}{2}$とか$\frac{1}{8}$のように、
分子が1の分数です。
たとえば$\frac{1}{2}$という分数は、$\frac{1}{3}+\frac{1}{6}$のように、
単位分数の和であらわすことができます。
この性質を使って、右の図のような問題が
出題されます。
2種類の解き方を覚えましょう。

□にあてはまる数を求めなさい。
ただし、□の数はちがう数が入ります。
① $\frac{11}{24}=\frac{1}{\square}+\frac{1}{\square}$
② $\frac{11}{24}=\frac{1}{\square}+\frac{1}{\square}+\frac{1}{\square}$

解き方1

①を解きます。

$\frac{11}{24}$に近い$\frac{11}{24}$よりも小さな単位分数は$\frac{1}{3}$ですから、これを引きます。

$$\frac{11}{24}-\frac{1}{3}=\frac{11}{24}-\frac{8}{24}=\frac{3}{24}=\frac{1}{8}$$

ここから、$\frac{11}{24}=\underline{\frac{1}{3}+\frac{1}{8}}$であることがわかります。

解き方2

②を解きます。
①との違いは、3つの単位分数の和であらわすことです。
分数のそれぞれの分子が24の約数であれば、約分をすると分子が1になって単位分数となります。
24の約数は1、2、3、4、6、8、12、24ですから、分子の11をこれらの数を使った
3つの数の和であらわすことで単位分数の和にします。
11は、1+2+8、1+4+6、2+3+6　などとあらわせます。どの和を使っても正解です。
ここでは、11=1+4+6とします。

$$\frac{11}{24}=\frac{1+4+6}{24}=\frac{1}{24}+\frac{4}{24}+\frac{6}{24}=\underline{\frac{1}{24}+\frac{1}{6}+\frac{1}{4}}$$

※①の問題を[解き方2]で解いてもかまいません。また、単位分数の和になる組み合わせは1つではありません。

パート3

ここまで押さえれば完璧！意外に出題される10のパターン

パート3では、合格を決定づける、意外に出題される10のパターンを問題単位でピンポイント学習します。

決して難しいわけでもなく、それなりによく出題されるわりに、**受験生によっては、かなり手こずるかまったく手が出ない、まさに「知らなければ解けない問題」ばかり**です。

したがって、このパートでは、これらの問題を最短距離で解けるよう、「適切な解法」を特にていねいに説明してあります。

「どのパターンの問題なのか」をつかんだら、なぜその解法で解けるのか、という「適切な解法」の使い方を**【例題】**で確かめるつもりで取り組んでください。

このパートでご紹介する解法も、パート1やパート2におとらない重要パターンです。

パート3のパターンをすべてマスターすれば、ほぼすべての一行問題を自由自在に解きこなせる、すなわち、**「一行問題を制する者」**になれるのです。

最後までしっかりと取り組み、「どのパターンの問題なのか」を見極め、「適切な解法」をマスターしてください。

そして、このパートが終わったらパート1、パート2に戻り、もう一度、本当に覚えたかどうかを確認しましょう。

それが、必ずや大きな力となることでしょう。

これも出る!① 分数と倍数・約数

【覚えておくと便利!】

$\frac{○}{□}$に$\frac{A}{B}$をかけると、答えが整数になる問題

⇒Aは□の倍数、Bは○の約数

$3\frac{1}{8}\times\frac{A}{B}$の場合で考えます。答えが整数になるのは、分母が1になるということです。つまり、**分母と分子を約分して分母が1になればよい**わけです。

$3\frac{1}{8}$は仮分数であらわすと$\frac{25}{8}$となりますから、

$\frac{25}{8}\times\frac{A}{B}$とします。

右の図の①のように、

分母の8をAで約分して、分母が1になる

Aは、8、16、24……のように8の倍数です。

また、右の図の②のように、分子の25を

Bで約分して分母が1になるのは

1、5、25のように25の約数です。

ここから、$\frac{○}{□}$に$\frac{A}{B}$をかけると、

答えが整数になる問題では、

Aは□の倍数、Bは○の約数に

なることがわかります。

① $\frac{25}{\cancel{8}_1}\times\frac{\cancel{A}}{B}$ ←8、16、24……

② $\frac{\cancel{25}}{8}\times\frac{A}{\cancel{B}}$ ←1、5、25

例　題 ★☆☆

$\frac{10}{21}$と$\frac{5}{12}$のどちらにかけても、積が整数になる分数のうち、もっとも小さい数を求めなさい。

解き方

求める分数を$\frac{A}{B}$とします。

$\frac{10}{21}\times\frac{A}{B}$が整数となるAにあてはまる数は21、42、63……のように**21の倍数**、Bにあてはまる数は1、2、5、10のように、**10の約数**です。

次に、$\frac{5}{12}\times\frac{A}{B}$も同じように考えると、Aは**12の倍数**、Bは**5の約数**となります。

また、$\frac{A}{B}$が小さくなるわけですから、分子のAはできるだけ小さい数、Bはできるだけ大きい数になります。

よって、Aは21と12の**最小公倍数**の84、Bは10と5の**最大公約数**の5ですから、

求める$\frac{A}{B}$は$\frac{84}{5}=16\frac{4}{5}$

暗記してしまおう！　小数⇔分数

小数×小数、小数×分数の計算は、分数にそろえて計算するとラクです。

- $0.2=\frac{1}{5}$　$0.4=\frac{2}{5}$　$0.6=\frac{3}{5}$　$0.8=\frac{4}{5}$
- $0.25=\frac{1}{4}$　$0.75=\frac{3}{4}$
- $0.125=\frac{1}{8}$　$0.375=\frac{3}{8}$　$0.625=\frac{5}{8}$　$0.875=\frac{7}{8}$

これも出る! ② 倍数・約数の逆算

【覚えておくと便利!】

**最小公倍数と最大公約数から逆算して、
もとの整数を求める問題**

⇒連除法の式にあてはめる

連除法とは、2つ以上の整数の
最小公倍数や最大公約数を
筆算で求める方法です。
たとえば、12と30の最小公倍数は
右の図のように求められます。

この計算方法を逆に使うと、
最小公倍数や最大公約数から、
もとの整数を求めることができます
(次ページ参照)。

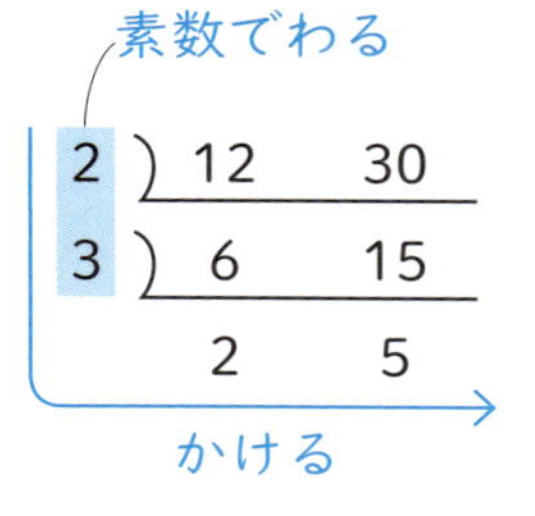

12と30の最小公倍数は、
2 × 3 × 2 × 5 =60
12と30の最大公約数は、
2 × 3 = 6

例　題　★★

AとBの最小公倍数はAの8倍、最大公約数は12です。 BはAの2倍よりも24大きいとき、整数AとBはいくつですか。

解き方

最大公約数が12ですから、12でわったとして考えます。

右下の図から、最小公倍数は

12×○×□、また、問題文よりAの8倍です。

よって、A×8＝12×○×□……①となります。

また、右の図から○＝A÷12なので、

A＝12×○とあらわせます。

ここで、**①のAを12×○におきかえると**

12×○×8＝**12×○**×□となります。

12×○の大きさは等しいので、□＝8

Bも右上の図のAと同じように考えると、

□＝B÷12　よって、

B＝12×□＝12×8＝96

また、B＝A×2＋24より、96＝A×2＋24

A＝(96－24)÷2＝36

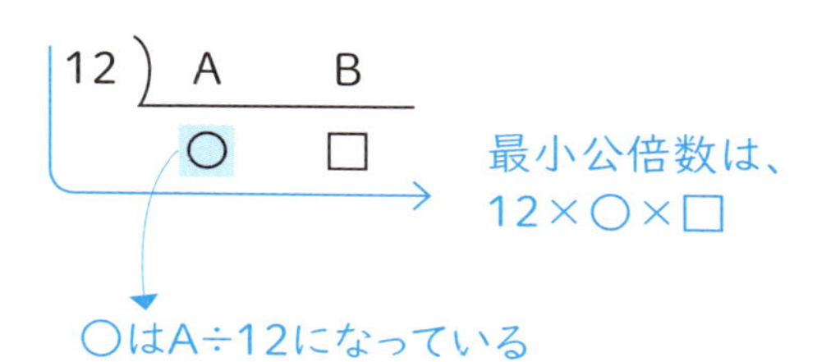

暗記してしまおう！ 分⇔時間

○分を$\frac{○}{60}$時間として約分してもよいが、よく出る○分は覚えておきましょう。

- 30分＝$\frac{1}{2}$時間
- 20分＝$\frac{1}{3}$時間　● 40分＝$\frac{2}{3}$時間
- 15分＝$\frac{1}{4}$時間　● 45分＝$\frac{3}{4}$時間
- 10分＝$\frac{1}{6}$時間　● 50分＝$\frac{5}{6}$時間
- 5分＝$\frac{1}{12}$時間　● 25分＝$\frac{5}{12}$時間　● 35分＝$\frac{7}{12}$時間　● 55分＝$\frac{11}{12}$時間

これも出る!③ 立体を斜めに切る

【覚えておくと便利!】

斜めに切った立体の問題

⇒体積=底面積×高さの平均

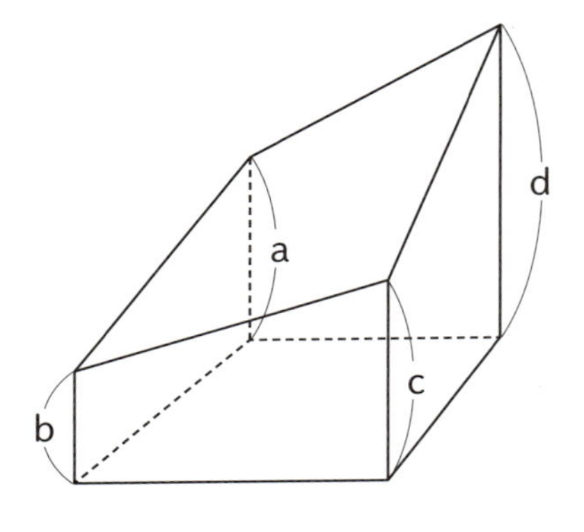

右の図のように、四角柱を平面で切ったときの、それぞれの高さはどんな場合でも
a+c=b+d となります。
高さの平均は(a + b + c + d)÷4
または(a + c)÷2、(b + d)÷2です。

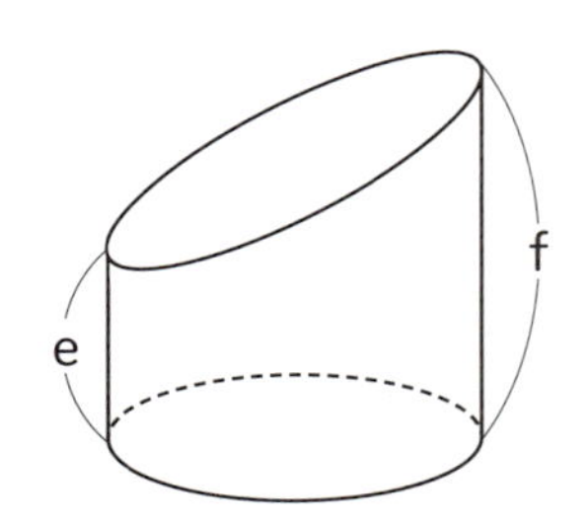

また、右の図で円柱を平面で切ったときの高さの平均は、(e + f)÷2です。

例　題 ★☆☆

1辺が8cmの立方体の容器に水を入れ、底面の頂点Aを固定して容器を傾けたところ、右の図のようになりました。容器に入っている水の体積を求めなさい。

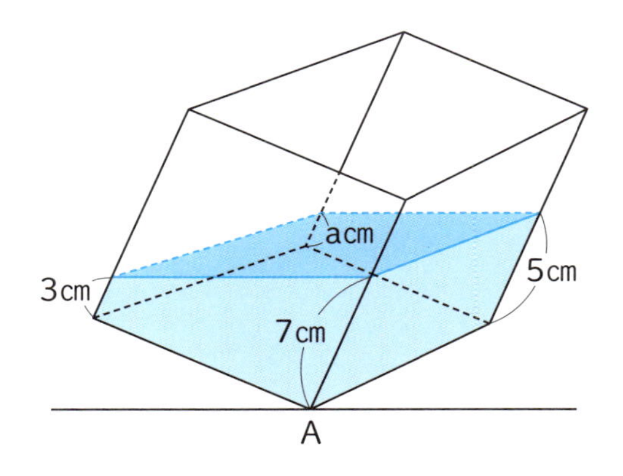

解き方

※容器が置かれた面と水平な平面(＝水面)で立体を斜めに切っていると考えます。

上の図で $a+7=3+5$ より、$a=1$

高さの平均は

$(1+3+7+5) \div 4 = 4$cm

底面積は $8 \times 8 = 64$cm^2

よって、体積は $64 \times 4 =$ <u>256cm^3</u>

暗記してしまおう！　倍数の見分け方

- 2の倍数……1の位が偶数
- 3の倍数……各位の数字の和が3の倍数
- 4の倍数……下2ケタが00か、4の倍数
- 5の倍数……1の位が0か5
- 6の倍数……2の倍数の性質と3の倍数の性質の両方を持っている数
- 9の倍数……各位の数字の和が9の倍数

これも出る！④ 三角形の底辺・高さと面積比

【覚えておくと便利！】

面積比をあらわしている長さを見わける問題

⇒①高さが等しいパターン……底辺の比＝面積比

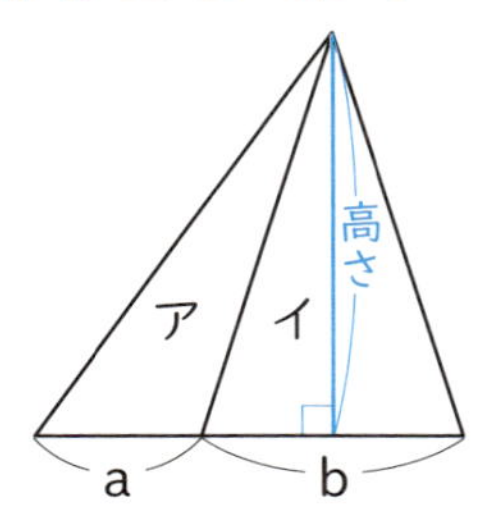

a：b＝ア：イ

⇒②底辺が等しいパターン……高さの比＝面積比

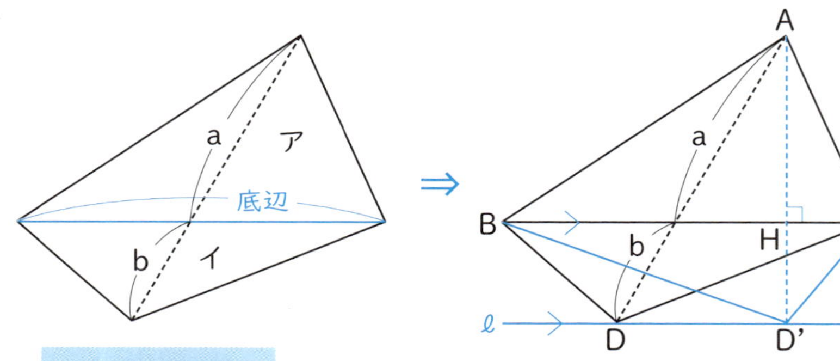

a：b＝ア：イ

BCに平行な直線ℓを引き、
三角形BDCを等積変形。
AH：HD'＝a：bだから、
三角形ABC：三角形BDC＝a：b

右の図で、斜線部の面積は

三角形ABDの $\frac{a}{a+b}$ です。また、

三角形ABDは三角形ABCの $\frac{c}{c+d}$ です。

よって、斜線部の面積は

三角形ABC × $\frac{c}{c+d}$ × $\frac{a}{a+b}$

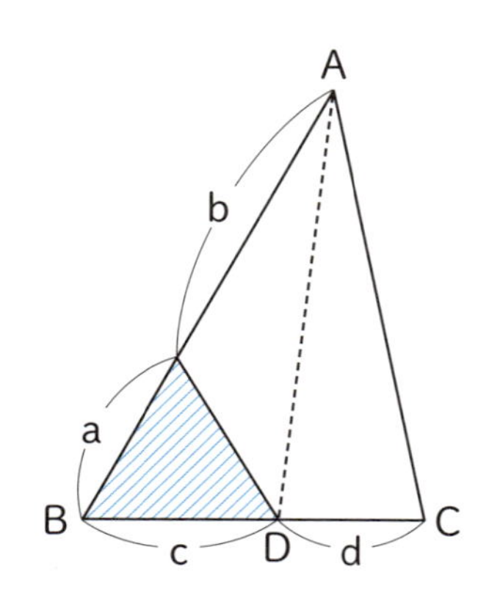

例題 ★★

右の図の三角形ABCで、
AD：DB＝2：3、BE：EC＝3：4です。
FD：FCを求めなさい。

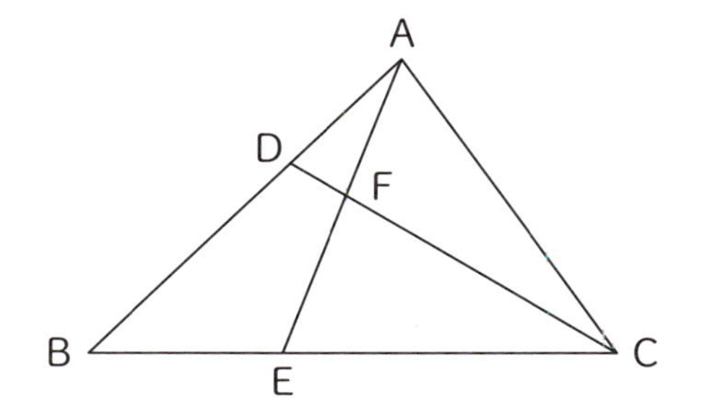

解き方

右の図のように、補助線DEを引きます。
FD：FCは、**AEを底辺とすると**
三角形ADE：三角形AECの面積比と
等しくなります。

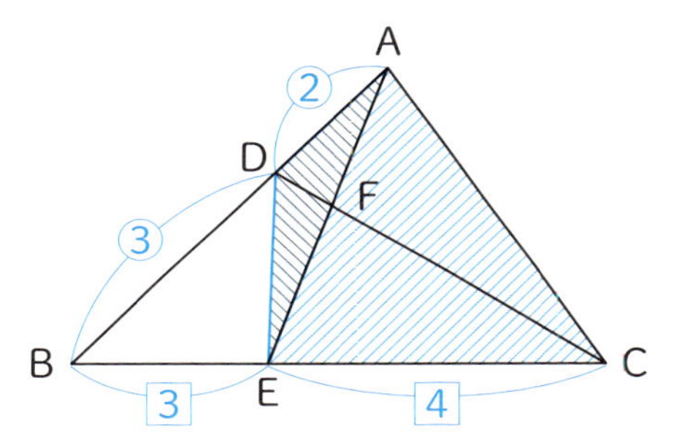

三角形ADE＝三角形のABCの$\frac{3}{3+4}\times\frac{2}{2+3}$
$=\frac{6}{35}$　です。

また、
三角形AEC＝三角形のABCの$\frac{4}{3+4}$
$=\frac{4}{7}$　です。

よって、$\frac{6}{35}:\frac{4}{7}=$<u>3：10</u>

暗記してしまおう！ 30以下の素数

公約数や公倍数を見つけるときの「連除法」では素数でわっていくので、以下を覚えておきましょう。
2、3、5、7、11、13、17、19、23、29

これも出る!⑤ 相似と面積比

【覚えておくと便利!】

相似のパターンを見わける問題

⇒ 〈ちょうちょ型〉

三角形AEBと
三角形DECが相似
⇒AB:DC=AE:DE
=BE:CE

〈ピラミッド型〉

三角形ADEと
三角形ABCが相似
⇒AB:AD=AC:AE
=BC:DE

〈直角三角形〉

三角形ア、イ、ウは
対応する角が
すべて等しいから
相似

下の図で、2つの長方形は相似です。
相似比は2:3ですが、面積比は4×6:6×9=24:54=4:9となっています。

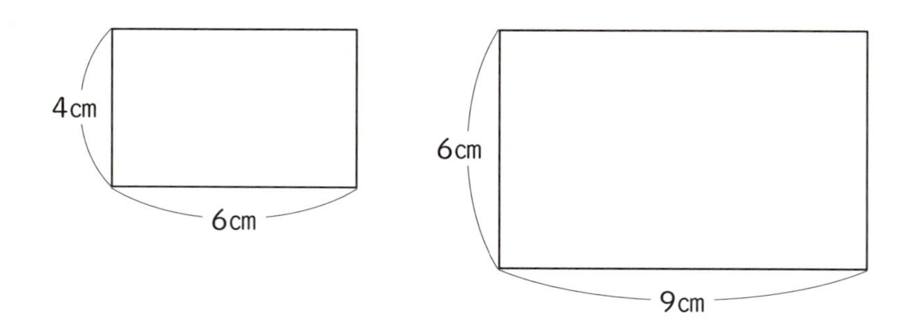

相似比がa:bのとき、
面積比は(a×a):(b×b)

例　題 ★

右の図でDE、FG、BCは平行です。
三角形ADEの面積が8㎠のとき、
台形FBCGの面積を求めなさい。

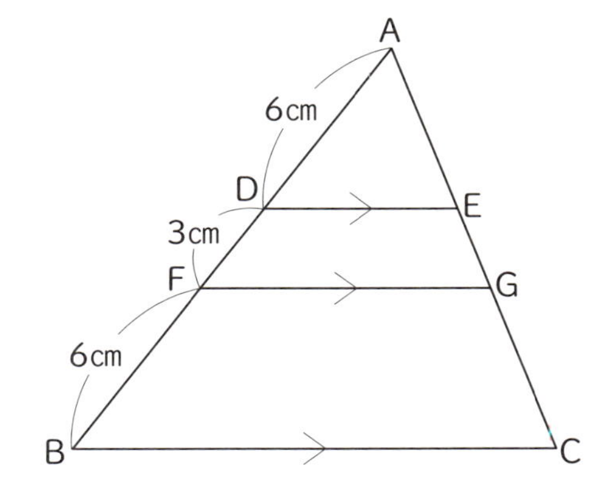

解き方

三角形ADE、AFG、ABCはそれぞれ相似です。

相似比はAD：AF：AB＝6：(6＋3)：(6＋3＋6)＝6：9：15＝2：3：5となります。

面積比はADE：AFG：ABC＝2×2：3×3：5×5＝④：⑨：㉕ です。

また、台形FBCG＝三角形ABC－三角形AFG　となりますから、

これを比であらわすと ㉕－⑨＝⑯ です。

よって、三角形ADEと台形FBCGの面積比は ④：⑯＝1：4

三角形ADEの面積は8㎠ですから、

1：4＝8：x　x＝32㎠

暗記してしまおう！ 素数での約分

約分しにくいときには"素数"で約分できるか考えましょう。

- 11で約分できる数………　143(11×13)、187(11×17)、209(11×19)
- 13で約分できる数………　221(13×17)、247(13×19)
- 17で約分できる数………　323(17×19)

これも出る!⑥　道順の問題

【覚えておくと便利!】

通れない(通らない)道がある問題

⇒通れない(通らない)道を「除いた」図で考える

[図1]のようなごばんの目のような道を家から学校まで遠回りしないで行く方法を考えます。

[図1]

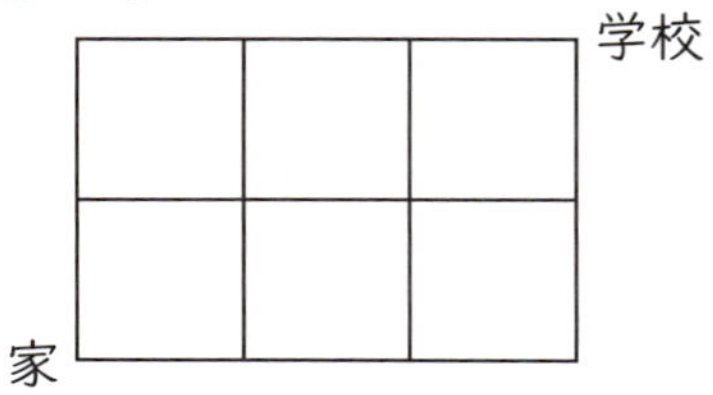

学校

家

遠回りしないで道を進むときは、上に進むか右に進むかしかできません。

ですから、
[図2]のように、
家→A(上に進む)……1通り
家→B(右に進む)……1通り
となりますから、
家→Cは
家→Aと家→Bの和となって、
1+1=2通りです。
また、家→D……1通り
家→Eは家→Cと家→Dの和ですから、2+1=3通り

[図2]

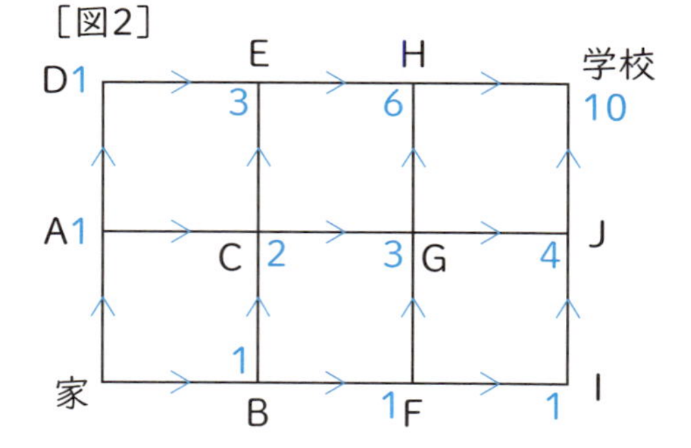

同じように、
家→Gは家→Cと家→Fの和ですから、2+1=3通り
家→Hは家→Eと家→Gの和ですから、3+3=6通り
家→Jは家→Gと家→Iの和ですから、3+1=4通り
よって、
家→学校は家→Hと家→Jの和ですから、6+4=10通り

例　題　★★★

右のようなごばんの目のような道を
AからBまで遠回りしないで行きます。
途中×印のところは通れないとすると、
全部で何通りの行き方がありますか。

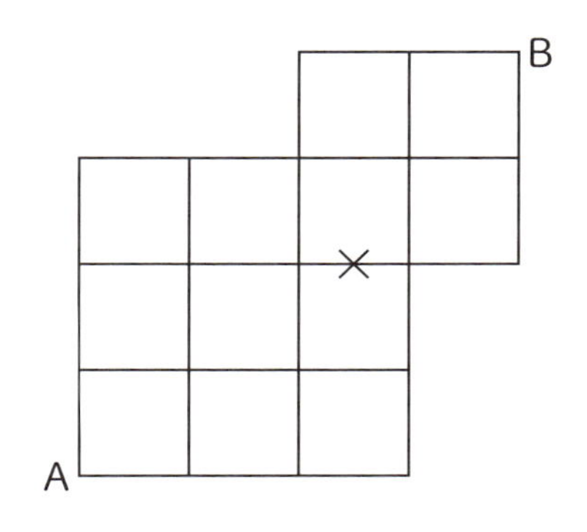

解き方

※出っぱったところやへこんだところがあっても、同じように考えます。

右下の図のように、
通れない道を「除いた」図を書きます。
また、右の図の太線部は、
A→Cが4通りですから、A→D、A→Eも4通りです。
また、
A→Fが10通りですから、
A→Gも10通りです。
また、A→HはA→FとA→Dの和ですから、10＋4＝14通り。
以降は、矢印の方向に進み、
交差点ごとに道順を加えます。
よって、42通り

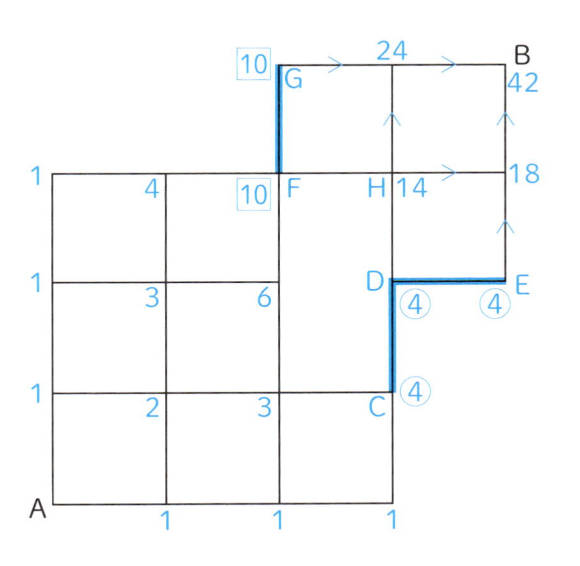

暗記してしまおう！　3.14の計算の答え

3.14の計算はまちがえやすいので、よく出る計算の答えは覚えておきましょう。

- 3.14×0.5＝1.57
- 3.14×2＝6.28
- 3.14×3＝9.42
- 3.14×4＝12.56
- 3.14×5＝15.7
- 3.14×6＝18.84
- 3.14×7＝21.98
- 3.14×8＝25.12
- 3.14×9＝28.26
- 3.14×12＝37.68
- 3.14×25＝78.5

これも出る！⑦ 比で解く食塩水の問題

【覚えておくと便利！】

食塩水の重さが「比」であらわされている問題

⇒「重さ」をそのまま「比」におきかえて解く

たとえば、濃度4%の食塩水と濃度8%の食塩水を2：3の割合で混ぜたとします。
下の図のように、**食塩水の「重さ」を「比」の○であらわす**ことで、
混ぜたときの濃度を求めることができます。
食塩の量の合計は4×②＋8×③＝㉜
面積図のよこは②＋③＝⑤
よって、㉜÷⑤＝6.4%

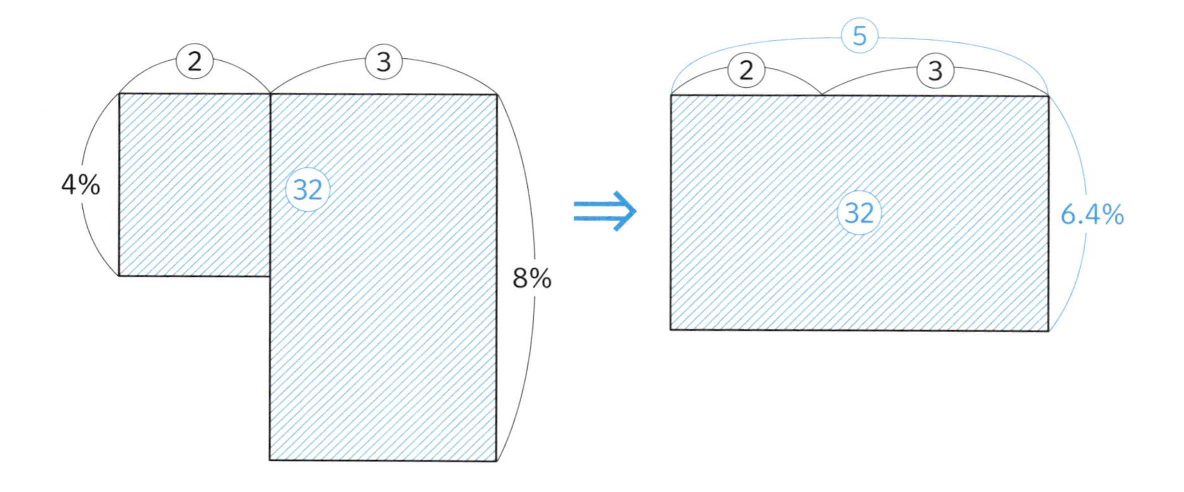

例　題 ★☆☆

5%の食塩水と□%の食塩水を3：2の割合で混ぜると9%の食塩水ができました。
□にあてはまる数を求めなさい。

解き方

5%の食塩水と混ぜて9%になったのですから、□%の食塩水は9%より濃いはずです。
右の図のように、
食塩水の「重さ」を「比」の○であらわして
面積図を書きます。
すると斜線部㋑と㋺の面積が等しくなります。
㋑は、4×③＝⑫
㋺のよこは②ですから、
たては、⑫÷②＝6
よって、□は9＋6＝15%

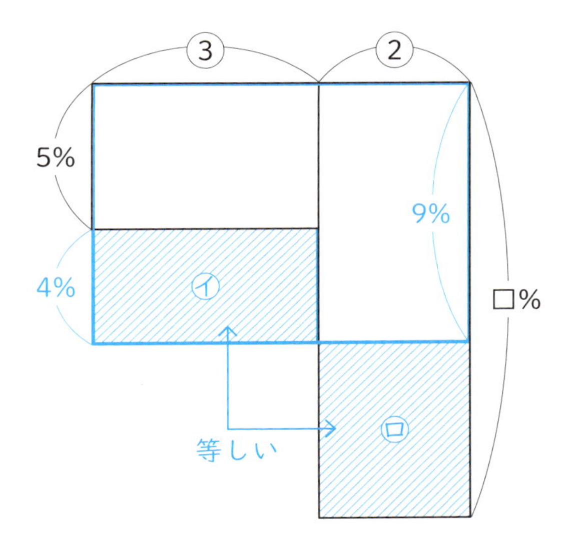

暗記してしまおう！ 3.14のラクな計算方法

- 3.14×64の計算は分配法則を使って、
 ＝3.14×（60＋4）
 ＝3.14×60＋3.14×4
 ＝188.4＋12.56
 ＝200.96　とすると、ラクに計算ができます。

これも出る！⑧ ニュートン算

【覚えておくと便利！】

最初の量・減る量・増える量の3つを同時に考える問題

⇒まず、「すべての量の和」を求める

ある会場の受付に、今、120人が並んでいて、1つの窓口で受付を開始したところ、20分で行列がなくなりました。毎分4人が行列に加わっていたとき、この窓口では1分間に何人を受け付けたのかを考えます。

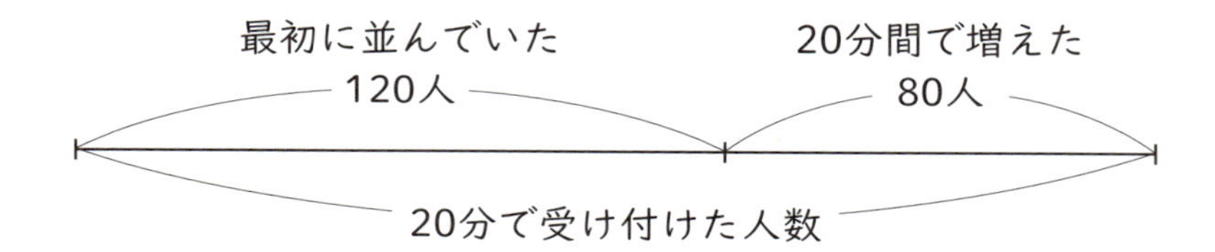

20分間で増えた人数は4×20＝80人です。行列がなくなる20分間では、
もともと並んでいた120人とあわせて、
受付をした**「すべての人数の和」**は80＋120＝200人です。
よって、この窓口では1分間に200÷20＝10人を受け付けたことがわかります。

例　題 ★★

ある牧場で牛10頭を放牧すると5日で牧草がなくなります。また、牛12頭を放牧すると4日で牧草がなくなります。もし、牛6頭を放牧したら何日で牧草がなくなりますか。ただし、牧草は毎日、同じ量が生えてきます。

解き方

「すべての牧草の量の和」を線分図であらわします。

牛1頭が1日で食べる牧草の量を①、1日で生える牧草の量を△とします。

「すべての牧草の量の和」を考えると、

(ア)牛10頭で最初に生えている牧草と△の5日ぶんを食べますから、

①×10×5＝㊿は**最初に生えている牧草＋△×5**です。

また、(イ)牛12頭では①×12×4＝㊽は**最初に生えている牧草＋△×4**です。

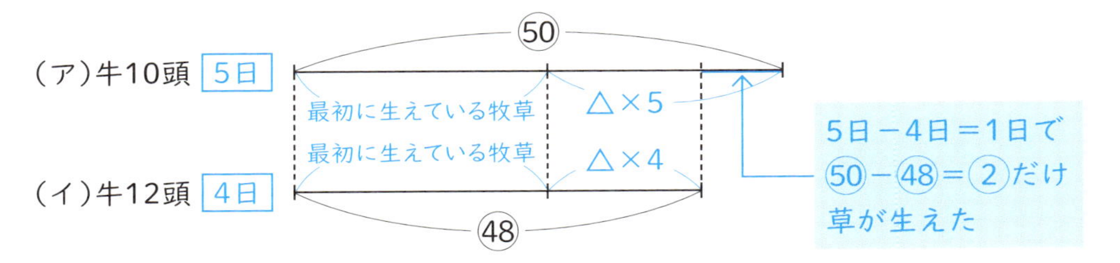

線分図(ア)と(イ)の長さの差は△×1、つまり1日で生える牧草の量です。

よって、△＝㊿－㊽＝②　ですから、1日で生える牧草の量は②とあらわせます。

また、線分図(ア)より、

最初に生えている牧草の量は㊿－△×5＝㊿－②×5＝㊵　となります。

牛6頭が1日で食べる牧草の量は①×6＝⑥ですが、牧草は1日で②生えてきますから、

最初に生えている牧草の量は1日で⑥－②＝④ずつ減っていきます。

よって、最初に生えている牧草の量㊵は、㊵÷④＝10日でなくなります。

暗記してしまおう！ $\frac{中心角}{360}$**の約分**

- $\frac{30}{360}=\frac{1}{12}$
- $\frac{45}{360}=\frac{1}{8}$
- $\frac{60}{360}=\frac{1}{6}$
- $\frac{72}{360}=\frac{1}{5}$
- $\frac{90}{360}=\frac{1}{4}$
- $\frac{120}{360}=\frac{1}{3}$
- $\frac{135}{360}=\frac{3}{8}$
- $\frac{240}{360}=\frac{2}{3}$

これも出る!⑨ おうぎ形の面積の別公式

【覚えておくと便利!】

中心角がわからないおうぎ形の面積を求める問題

⇒

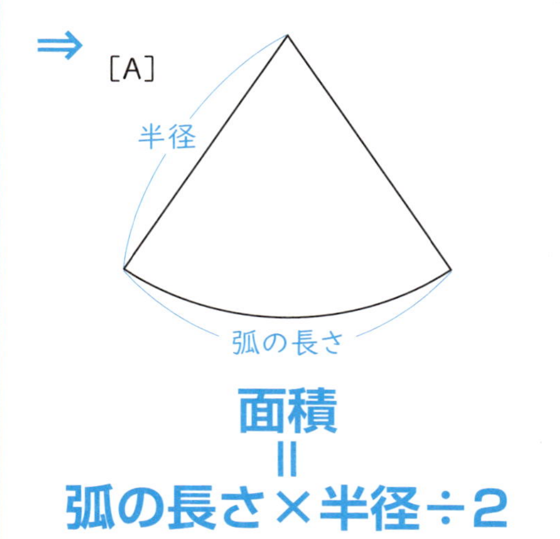

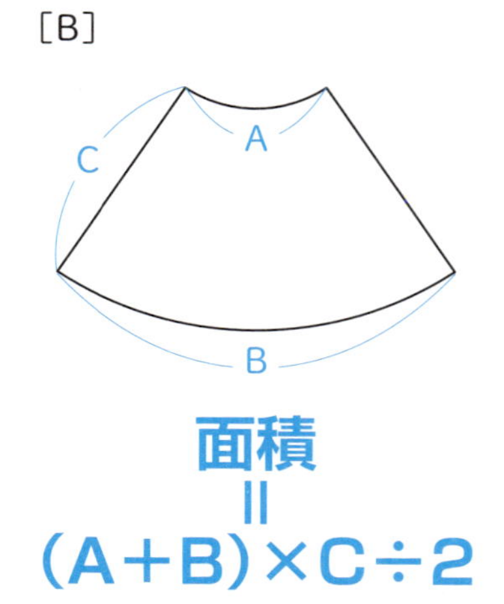

面積
=
弧の長さ×半径÷2

面積
=
(A+B)×C÷2

右の図のおうぎ形の面積を問われた場合、
上の図の**[A]のおうぎ形の別公式を使います。**
7×8÷2=28㎠

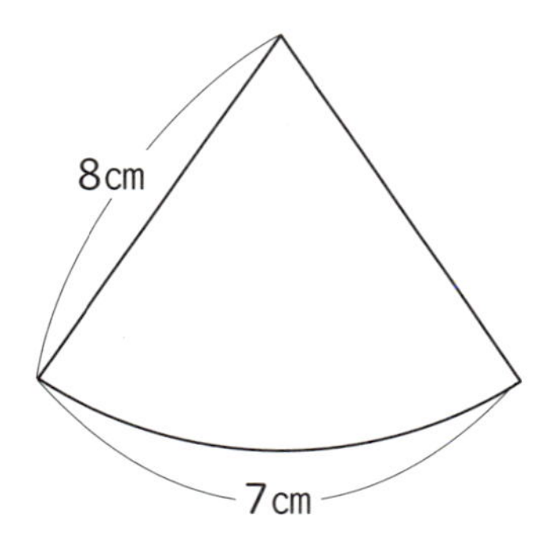

右の図は、半径6cmのおうぎ形から
半径2cmのおうぎ形を切り取ったものです。
斜線部の面積を問われた場合、
上の図の**[B]のおうぎ形の別公式を使います。**
別公式のCの値は6－2＝4cmです。
よって、(1.5＋4.5)×4÷2＝12㎠

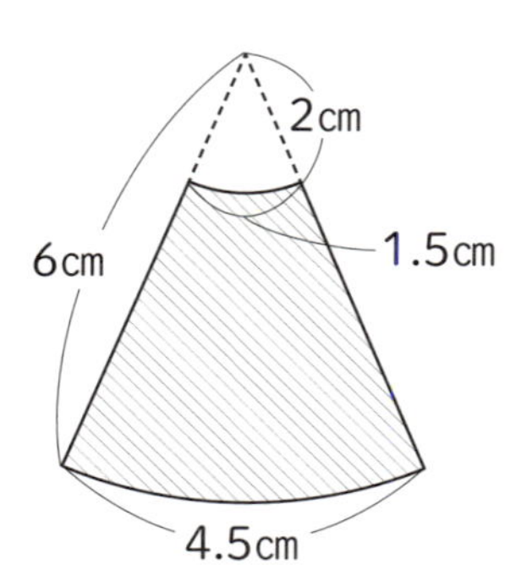

例題 ★

右の図は半径が10cmのおうぎ形から、
半径が2cmのおうぎ形を
切り取った図形です。
この図形の周りの長さが34cmのとき、
この図形の面積を求めなさい。
ただし、円周率は3.14とします。

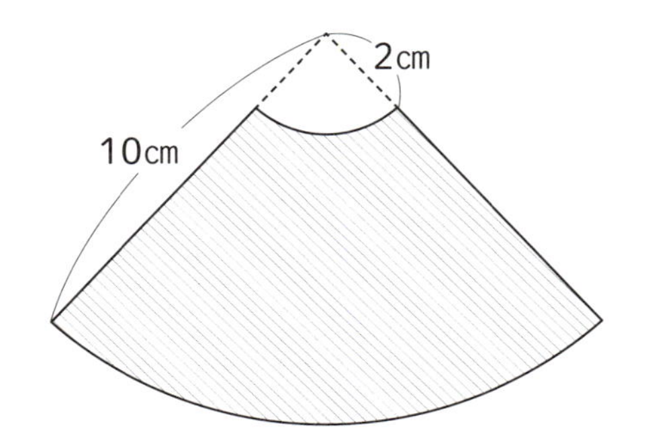

解き方

※周りの長さがわかっていますから、
まず[B]の公式の(A＋B)とCを求めます。

右の図のようにA＋Bは、周りの長さから8cm×2を引いたものです。
よって、A＋B＝34－8×2＝18cmとなります。また、Cは10－2＝8cmです。
よって、面積は18×8÷2＝72㎠

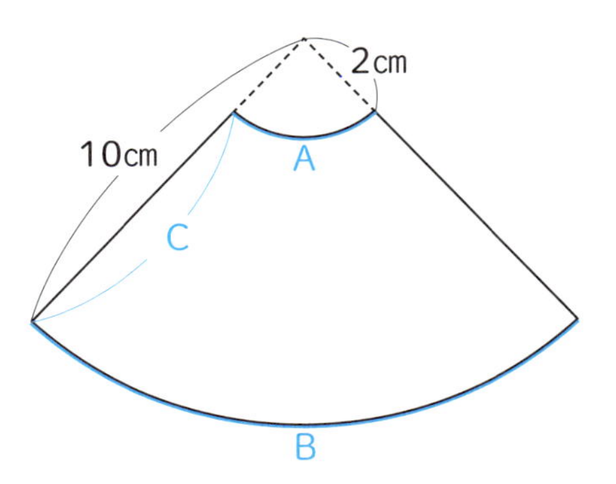

暗記してしまおう！ 同じ数どうしの積

- 11×11＝121
- 12×12＝144
- 13×13＝169
- 14×14＝196
- 15×15＝225
- 16×16＝256
- 17×17＝289
- 18×18＝324
- 19×19＝361
- 21×21＝441
- 23×23＝529
- 25×25＝625

これも出る!⑩ 円の「半径」がわからない円の面積

【覚えておくと便利!】

円やおうぎ形の内側に正方形が接している問題

⇒円の「半径×半径」の値を探す

右の図のように、1辺が6㎝の正方形と円がピッタリ重なっているとき、円の面積を求めていきます。

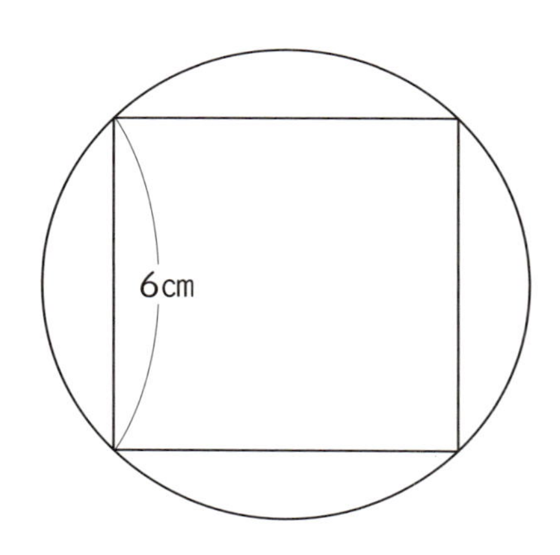

円の直径も半径もわかりませんので、直接、円の面積を求めることはできません。
そこで、**「半径×半径」の値**がどこにあるかを考えます。
正方形の面積は、「1辺×1辺」で36ですが、もう一つの公式、「対角線×対角線÷2」から、対角線×対角線＝72ということがわかります。
右の図のように、正方形の対角線は半径の2倍ですから、(半径×2)×(半径×2)＝72より、
半径×半径＝72÷2÷2＝18
となって、円の面積は、
18×3.14＝56.52㎠

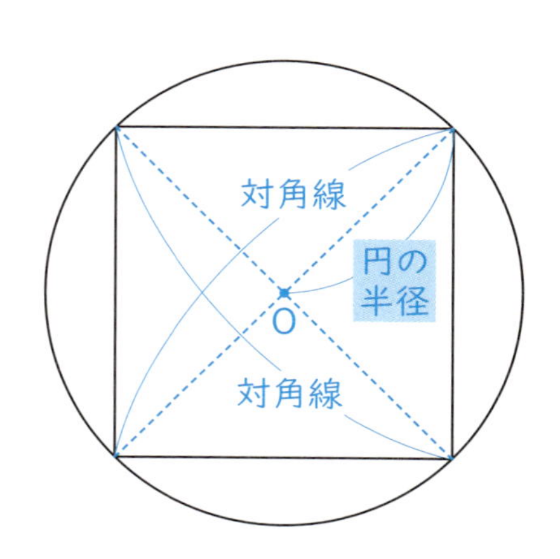

例題 ★★☆

四分円と正方形を組み合わせた
右の図の斜線部の面積を求めなさい。

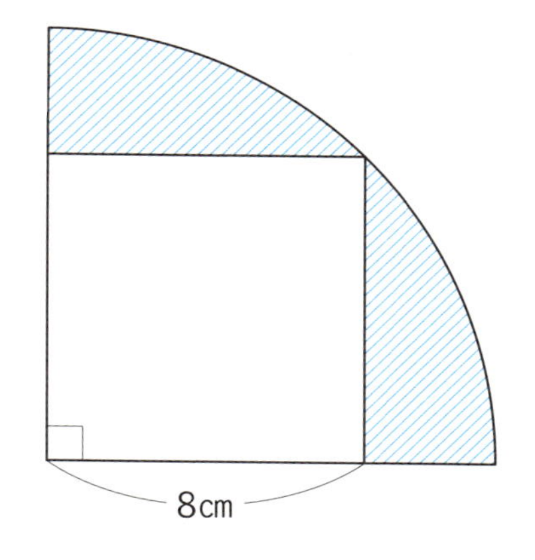

解き方

四分円の面積から正方形の面積を引いて求めます。
正方形の面積は64です。
また、対角線×対角線÷2＝64より、対角線×対角線＝128です。
正方形の対角線は四分円の半径と等しいので、**半径×半径＝128**となります。
よって、128×3.14÷4－64＝36.48㎠

暗記してしまおう！ よく出る時速⇔秒速

時速□kmを秒速○mになおすとき、

○＝□÷3.6

[例] 時速90km

90÷3.6＝25

⇒秒速25m

- 時速90km＝秒速25m
- 時速72km＝秒速20m
- 時速54km＝秒速15m
- 時速36km＝秒速10m

出る順〔中学受験算数〕覚えて合格る30の必須解法

合否の決め手“一行問題”を完全攻略！

2020年3月31日　初版発行

著　者……橋本和彦

発行者……大和謙二

発行所……株式会社大和出版

東京都文京区音羽1-26-11　〒112-0013

電話　営業部03-5978-8121／編集部03-5978-8131

http://www.daiwashuppan.com

印刷所／製本所……日経印刷株式会社

ブックデザイン……村﨑和寿

©Kazuhiko Hashimoto　2020　Printed in Japan　ISBN978-4-8047-6343-9